ÉLÉMENTS

DE

ZOOLOGIE

(NOTIONS PRÉLIMINAIRES)

PAR

PAUL GERVAIS

Professeur à la Faculté des sciences de Paris

ÉDITION MISE EN RAPPORT

avec les programmes officiels de 1866

OUR L'ENSEIGNEMENT SECONDAIRE SPÉCIAL

(PREMIÈRE ANNÉE — PREMIÈRE PARTIE)

PARIS

LIBRAIRIE DE L. HACHETTE ET Cᵉ

BOULEVARD SAINT-GERMAIN, Nᵒ 77

—

1868

ÉLÉMENTS

DE ZOOLOGIE

(NOTIONS PRÉLIMINAIRES)

DIVISION DE L'OUVRAGE

En rapport avec les Programmes de l'Enseignement secondaire spécial[1].

1° NOTIONS PRÉLIMINAIRES (*première année, première partie*).

2° MAMMIFÈRES (*année préparatoire et première année, seconde partie*).

3° OISEAUX, REPTILES, BATRACIENS, POISSONS et ANIMAUX SANS VERTÈBRES (Articulés, Mollusques, Rayonnés et Protozoaires (*deuxième année*).

4° ANATOMIE ET PHYSIOLOGIE DES ANIMAUX (*troisième année*).

5° ZOOLOGIE APPLIQUÉE A L'AGRICULTURE, 'A L'INDUSTRIE ET A L'HYGIÈNE (*quatrième année*).

1. Chacun des cinq volumes se vend séparément.

Les volumes 2 et 4 répondent au *Programme de l'Enseignement secondaire classique.*

9746 — Imprimerie générale de Ch. Lahure, rue de Fleurus, 9, à Paris.

ÉLÉMENTS

DE

ZOOLOGIE

(NOTIONS PRÉLIMINAIRES)

PAR

PAUL GERVAIS

Professeur à la Faculté des sciences de Paris

ÉDITION MISE EN RAPPORT

avec les Programmes officiels de 1866

POUR L'ENSEIGNEMENT SECONDAIRE SPÉCIAL

(PREMIÈRE ANNÉE — PREMIÈRE PARTIE)

PARIS

LIBRAIRIE DE L. HACHETTE ET Cie

BOULEVARD SAINT-GERMAIN, No 77

1868

(c.)

L'ENSEIGNEMENT SECONDAIRE SPÉCIAL

ZOOLOGIE.

(PREMIÈRE ANNÉE — PREMIÈRE PARTIE.)

Notions sur les principaux organes d'un animal tel que le lapin, et sur les usages de ces parties : estomac, intestins, foie poumons, cœur, vaisseaux, cerveau, muscles et os.

Ressemblances et différences entre les animaux, les plantes et les corps minéraux. — Caractères des trois règnes de la nature.

Notions sur les classifications en général. — Classifications naturelles et artificielles. — Unité de la classification naturelle dans l'étude des animaux et des plantes.

Notions élémentaires sur la nomenclature. — Explication du sens que l'on doit attacher aux mots *espèce, genre, famille, ordre* et *classe.*

Examen comparatif du mode de conformation du chien, de l'écrevisse, du colimaçon et d'une étoile de mer. Tous les animaux sont constitués d'après un plan analogue à celui qu'offre l'une ou l'autre de ces espèces, et par conséquent le règne animal se subdivise en quatre groupes principaux appelés embranchements. — Montrer que les caractères les plus importants de l'organisation du chien se retrouvent chez un oiseau, un lézard, une grenouille et une carpe ou tout autre poisson ;

par conséquent tous ces animaux appartiennent à un même embranchement. — Montrer que les caractères les plus saillants de l'écrevisse se trouvent chez le hanneton ou le crabe, chez l'araignée, chez les millepieds et même chez les vers de terre; donc tous ces animaux appartiennent à un même embranchement. — Si l'école d'enseignement secondaire spécial est située sur le bord de la mer, faire des démonstrations analogues pour divers mollusques et zoophytes.

Notions élémentaires sur la charpente intérieure des animaux vertébrés.

Des principales différences qui existent entre les animaux qui sont pourvus d'un squelette intérieur et qui appartiennent par conséquent à l'embranchement des vertébrés.

Différences dans les téguments du corps chez un chat ou un mouton, un oiseau, un lézard ou une grenouille et un poisson.

Relations entre l'existence de poils ou de plumes et la nécessité de conserver la chaleur propre de l'animal. Animaux à sang chaud et à sang froid. Ces derniers n'ont pas besoin de vêtements naturels comme les premiers; donc tous les animaux vertébrés, qui ont des poils ou des plumes, sont des animaux à sang chaud.

Les vertébrés pourvus de poils appartiennent tous à la classe des mammifères; ceux qui ont des plumes appartiennent à la classe des oiseaux. — Les vertébrés dont la peau est couverte d'écailles ou qui sont dépourvus de toute espèce de téguments de ce genre sont presque tous des reptiles, des amphibiens ou des poissons.

Les reptiles sont des vertébrés à peau écailleuse qui sont conformés pour vivre sur la terre seulement.

Les poissons sont des vertébrés à peau écailleuse qui sont conformés pour vivre toujours dans l'eau.

Les amphibiens ou batraciens sont des vertébrés à peau écailleuse ou nue, qui sont conformés pour vivre d'abord dans l'eau comme les poissons, puis à terre comme les reptiles.

Notions sur la structure de la peau, des poils, des ongles, etc.

TABLE DES MATIERES.

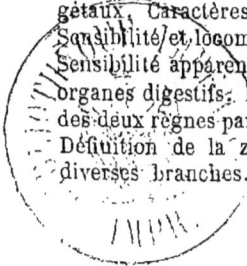

FIN DE LA TABLE.

INTRODUCTION

Les sciences naturelles comprennent l'ensemble des notions relatives aux êtres organisés qui peuplent maintenant le globe ou ont vécu à sa surface à des époques antérieures; elles s'appliquent en même temps à nous faire connaître les matériaux dont notre planète est formée, ainsi que les grands phénomènes qui s'y sont accomplis depuis son origine et l'ont faite ce qu'elle est de nos jours. Dans le premier cas, elles prennent le nom de *Zoologie* ou celui de *Botanique*; dans le second, elles constituent la *Géologie*.

Les progrès que ces sciences ont accomplis depuis Linné et Buffon en ont changé la face. Des lois fondamentales ont été reconnues, et les tendances des naturalistes sont devenues plus pratiques sans perdre le caractère élevé qui leur est propre; aussi est-il aujourd'hui facile de ramener les notions ayant trait aux êtres vivants ou celles qui se rapportent aux roches constituant l'écorce du globe, à un nombre relativement restreint de données fondamentales qui ne le cèdent en rien pour la certitude à celle des sciences qui se piquent le plus d'être exactes.

La méthode que les naturalistes suivent dans leurs investigations a été la cause principale de ces progrès, et elle a acquis de notre temps une telle supériorité qu'on a pu l'appliquer avec un égal avantage aux autres branches des connaissances humaines. Sous le nom de méthode des naturalistes elle a conquis sa place dans les ouvrages où l'on traite des procédés logiques à l'aide desquels l'esprit humain peut arriver plus sûrement à la découverte de la vérité.

Son moyen consiste à recourir successivement à l'observation et à l'expérience, de manière à contrôler l'une par l'autre ces deux sources d'indications et de découvertes. En appréciant à leur valeur réelle les résultats fournis par ce double mode d'investigation, il devient aisé, dans beaucoup de circonstances, de tirer des faits reconnus exacts de précieuses indications qui mettent sur la voie de faits nouveaux. Dans ce cas, on procède à la fois par déduction et par induction, et l'on s'appuie sur le connu pour arriver à la découverte de l'inconnu ainsi qu'à la démonstration des grandes lois qui régissent l'univers.

C'est ainsi que les naturalistes sont parvenus à comprendre les affinités de toutes sortes que les espèces animales ou végétales ont les unes avec les autres, et à apprécier la disposition des organes dont elles sont pourvues en vue de leurs différentes manifestations vitales. Ils ont pu en même temps établir des classifications qui nous font pour ainsi dire connaître ces espèces jusque dans leurs moindres particularités, par la seule indication de la place assignée à chacune d'elles dans ces arrangements. L'emploi de cette méthode a aussi conduit à de grandes découvertes en ce qui concerne l'appréciation de la nature intime des organes constituant les êtres vivants, les forces que ces êtres mettent en jeu et les changements qui se sont effectués à diverses époques sur les différents points du globe, soit dans les climats ou la configuration du sol, soit

dans les populations animale et végétale propres à chaque
région. D'ailleurs, l'histoire naturelle ne reste pas étran-
gère aux autres sciences; elle a recours à la chimie pour
l'analyse des matériaux de l'organisme et la recherche des
réactions dont la nutrition est le mobile; la physique, qui
l'éclaire sur la nature des forces dont la vie dispose, nous
explique particulièrement certaines fonctions, telles que
l'ouïe et la vue; enfin il n'est pas jusqu'aux mathématiques dont l'étude des êtres vivants ne sollicite l'intervention, et la théorie des mouvements des animaux ainsi
que la connaissance des lois qui président, à l'insertion
des feuilles sur la tige des végétaux, leur sont redevables
de remarques fort intéressantes.

Une place importante a donc été justement assignée aux
différentes branches des sciences naturelles dans l'instruc-
tion publique chez toutes les nations; en effet, elles ne le
cèdent en utilité, ni aux sciences dites physiques, telles que
la chimie ou la physique proprement dite, ni aux sciences
mathématiques, et l'on pourrait dire que les sciences phy-
sico-mathématiques ne sont en réalité que des moyens encore différents de connaître les corps naturels et d'en
compléter l'histoire.

Envisagées comme elles doivent l'être dans l'enseignement
élémentaire, c'est-à-dire comme destinées à nous offrir le
tableau des grands phénomènes terrestres et à nous donner
la clef des détails infinis du monde matériel plutôt que l'é-
numération de ces détails, les sciences naturelles jouent
un rôle considérable dans l'éducation. Elles acquièrent un
nouveau degré d'intérêt lorsqu'elles nous montrent le parti
presque toujours si avantageux que nous pouvons tirer des
corps qu'elles étudient. Aussi ont-elles, à toutes les époques
et chez tous les peuples, joui du privilége d'inspirer les mé·

ditations des esprits cultivés et d'exciter la curiosité du vul-
gaire. Ce serait donc une faute grave que de leur refuser
dans les programmes officiels qui régissent l'enseignement
en France, la place qu'on leur accorde partout ailleurs,
quelque classe de citoyens qu'il s'agisse d'instruire.

Ces sciences offrent un autre genre d'utilité, celui de
nous habituer au grand art de la méthode en nous donnant
la pratique des classifications. Ainsi que l'a très-bien rappelé
Georges Cuvier : « Cet art, une fois qu'on le possède
« bien, s'applique avec un avantage infini aux études les
« plus étrangères à l'histoire naturelle. Toute discussion
« qui suppose un classement de faits, toute recherche qui
« exige une distribution de matières se fait d'après les
« mêmes lois; et tel jeune homme qui n'avait cru faire de
« cette science qu'un objet d'amusement, est surpris lui-
« même, à l'essai, de la facilité qu'elle lui donne pour dé-
« brouiller tous les genres d'affaires. »

Mais la possession de ce précieux moyen d'investigation
qu'on appelle *la méthode des naturalistes* est relativement
assez récente. Les anciens ne la connaissaient point, et le
fondateur de l'histoire naturelle, Aristote, qui a écrit plus
de trois cents ans avant l'ère chrétienne un traité des animaux dont on admire encore aujourd'hui l'exactitude, n'en
eut qu'un sentiment trop vague pour pouvoir en tirer utile-
ment parti ou en formuler les règles.

Les auteurs qui lui ont succédé n'ont pas été plus heu-
reux. Au contraire, nous les voyons pour la plupart laisser
perdre à la science le caractère sérieux et philosophique
qu'Aristote lui avait donné, et l'un des plus renommés,
Pline, est peut-être aussi celui qui lui a le plus nui, en
sacrifiant, dans une foule de circonstances, la vérité des récits à l'élégance du style.

A part quelques rares exceptions, Pline a trouvé dans l'antiquité plus d'imitateurs que de critiques, et il faut arriver jusqu'à Albert le Grand, le célèbre encyclopédiste de la fin du moyen âge, pour voir reparaître dans la science les vues si sages qu'Aristote y avait introduites.

La Renaissance a été pour l'histoire naturelle une époque de progrès. Les voyages qui furent dès lors exécutés au cap de Bonne-Espérance, dans les Indes orientales et en Amérique, ont fourni des découvertes aussi curieuses qu'inattendues. On sait que la population animale et végétale des autres continents diffère notablement de celle qui occupe le pourtour de la Méditerranée, seule région bien connue des anciens, et que, dans beaucoup de cas, les produits que l'on en tire ne ressemblent pas à ceux de nos contrées. Les savants y trouvèrent l'occasion de nombreuses découvertes, et l'agriculture, ainsi que l'industrie, ne tardèrent pas, de leur côté, à en recevoir de nouveaux éléments de richesses. Ce fut aussi pour le commerce une puissante cause d'extension.

A la même époque, des recherches entreprises par Belon, Rondelet et quelques autres savants dans les pays déjà explorés par les anciens, ont permis de vérifier les documents recueillis par Aristote ainsi que par son disciple Théophraste, et de rectifier les erreurs sans nombre dont Pline et ses imitateurs avaient embarrassé l'histoire naturelle.

Plus tard, la découverte des terres australes et les voyages autour du monde exécutés à diverses reprises sur des bâtiments appartenant aux nations civilisées ajoutèrent beaucoup aux découvertes des savants de la Renaissance.

Ces curieuses recherches, bien qu'étendues aux animaux et aux plantes qui peuplent les différents continents ou qui habitent les eaux de la mer, sont loin, même aujourd'hui, d'avoir donné tous les résultats que l'on peut en attendre, et le catalogue général des êtres existants n'est encore qu'incomplétement dressé. Les pays en apparence les mieux connus permettent chaque jour de nouvelles découvertes, et toute exploration de terres lointaines, toute expédition dont font partie des naturalistes exercés, fournit des espèces d'êtres organisés dont on ignorait encore l'existence, ou des produits que l'on n'avait point eu jusqu'à présent l'occasion d'utiliser.

Dès le commencement du dix-septième siècle, les observateurs ont disposé d'un moyen précieux d'investigation. L'emploi du microscope a permis un examen plus minutieux que précédemment des organes propres aux êtres vivants ainsi que des parties élémentaires dont ces organes sont formés. Le même instrument dévoila aussi l'existence, jusqu'alors ignorée, de tous ces infiniment petits de la création que l'on nomme des infusoires; il eut pour les sciences naturelles la même utilité que le télescope pour l'astronomie.

Grâce aux progrès des sciences physiques, les grandes questions que soulève la physiologie purent aussi être traitées avec plus de précision et de certitude. Harvey avait enfin démontré aux plus incrédules la circulation du sang. Environ cent ans après lui, durant la première moitié du dix-huitième siècle, Réaumur étudia expérimentalement les phénomènes de la digestion, et plusieurs savants se sont appliqués à leur tour à la solution de questions également difficiles qui se rattachent à la théorie des fonctions envisagées soit chez les végétaux, soit chez les animaux. Les remarquables mémoires de Réaumur sur les insectes, dont tant d'espèces nuisent à nos cultures, méritent à leur tour d'être cités comme ayant largement concouru aux progrès de l'histoire naturelle.

Tous ces travaux justifiaient de grands perfectionnements accomplis dans l'art d'observer, et ils accumulaient dans la science des documents dont il importait de former un faisceau.

Pendant la seconde moitié du dix-huitième siècle, Linné et Buffon, également riches par leur propre fonds et par les données qu'ils trouvaient consignées dans les ouvrages de leurs devanciers ou de leurs contemporains, élevèrent à l'histoire naturelle un double monument qui leur a mérité, à l'un et à l'autre, une immense réputation. Linné intitula son ouvrage *Systema naturæ;* Buffon donna au sien le titre d'*Histoire naturelle générale et particulière*.

Cependant un grand pas restait à faire : les procédés mis en usage pour l'étude de la nature étaient encore imparfaits à certains égards. La classification des êtres était toujours arbitraire et empirique, parce que les naturalistes continuaient à ignorer la vraie manière d'apprécier les affinités réciproques des espèces ou des genres, et qu'ils ne savaient pas les classer d'une façon hiérarchique et conforme à leur nature même. Aussi Buffon ne craignait-il pas de contester l'utilité des classifications, et Linné, dans l'impuissance où il se voyait de grouper les végétaux conformément à leurs véritables caractères, créait son système botanique, qui est resté le type des classifications artificielles.

C'est à l'école française que l'on doit le nouveau et important progrès qui s'accomplit bientôt. En 1789, Antoine Laurent de Jussieu formula dans son *Genera plantarum* les principes fondamentaux de la méthode naturelle, principes qui commençaient depuis quelque temps à germer dans l'esprit des naturalistes, et il en fit une heureuse application à l'arrangement méthodique du règne végétal.

Les zoologistes, qui depuis longtemps mettaient en pratique, mais d'une façon plus instinctive que scientifique, quelques-uns des préceptes dont la formule était enfin trouvée, n'ont pas tardé à marcher dans la voie ouverte par le botaniste célèbre que nous venons de citer, et encore aujourd'hui nous les voyons s'appliquer à perfectionner la classification naturelle des êtres dont ils s'occupent, comme le font de leur côté les savants qui étudient les plantes et continuent l'œuvre de Jussieu.

G. Cuvier et de Blainville doivent être cités en première ligne parmi les naturalistes du dix-neuvième siècle qui ont le plus contribué à améliorer les classifications zoologiques et donné une puissante impulsion à l'étude approfondie du règne animal, telle qu'on la poursuit maintenant sur tous les points du globe.

La minéralogie, de son côté, a trouvé ses législateurs dans deux autres savants français, Romé de Lisle et Haüy.

L'Allemand Werner, qui écrivait, comme de Lisle, vers la fin du dernier siècle, n'a pas été moins utile à la géologie qu'à la minéralogie, par ses belles découvertes, et il a particulièrement facilité la marche de la première de ces sciences en réconciliant les deux théories de l'origine ignée et de l'origine aqueuse des roches qui pendant longtemps avaient été regardées comme exclusives l'une de l'autre, ce qui partageait les géologues en deux camps trop contraires dans leurs opinions pour accepter ce qu'il y avait de vrai dans chacune d'elles.

Alexandre Brongniart eut aussi une grande part dans les découvertes qui fondèrent la science de la géologie, et c'est à Pallas, à Lamarck, ainsi qu'à Cuvier, que revient l'honneur d'avoir su tirer de l'examen des fossiles des conclusions à la fois fécondes pour la géologie et pour l'histoire générale des êtres organisés. Leurs travaux allèrent bien au delà du point auquel s'étaient arrêtés Réaumur, Guettard et les oryctographes du siècle précédent.

Dès ce moment la géologie devint la véritable histoire du globe, au lieu d'en être le roman, et, grâce aux infatigables recherches des anatomistes et des physiologistes, la biologie, c'est-à-dire l'histoire de la vie ainsi que des êtres végétaux ou animaux qui en jouissent et des instruments dont ils disposent, prit à son tour le caractère d'une science positive, aussi méthodique dans ses investigations relatives aux organes et à leurs fonctions qu'habile dans leur classification et apte à en dresser la nomenclature.

C'est ainsi que les sciences naturelles ont réussi à retracer les phases diverses par lesquelles notre planète a passé depuis sa première apparition, à rétablir la succession des êtres organisés qui ont vécu à sa surface, et à faire connaître jusque dans les détails intimes de leur composition anatomique ou dans leurs fonctions même les plus obscures et dans les moindres particularités de leur genre d'existence, tant d'espèces animales ou végétales dont la terre est peuplée.

Si l'homme est bien, comme on l'a dit, le maître de la création, l'histoire naturelle est évidemment le plus sûr moyen qu'il ait à sa disposition pour connaître son domaine.

TABLEAU DE LA CLASSIFICATION

DES ANIMAUX.

I VERTÉBRÉS......	ALLANTOÏDIENS..........	*Mammifères.* *Oiseaux.* *Reptiles.*
	ANALLANTOÏDIENS........	*Batraciens.* *Poissons.*
II ARTICULÉS........	CONDYLOPODES ou *Arthropodes.*	*Insectes.* *Myriapodes.* *Arachnides.* *Crustacés.* *Systolides.*
	VERS.................	*Annélides.* *Helminthes divers.*
III MOLLUSQUES.........................		*Céphalopodes.* *Céphalidiens.* *Lamellibranches.* *Brachiopodes.* *Tuniciers.* *Bryozoaires.*
IV RAYONNÉS........	ÉCHINODERMES..........	*Échinides.* *Astérides.* *Holothurides.*
	POLYPES..............	*Acalèphes.* *Zoanthaires.* *Cténocères* ou *Coralliaires.*
V PROTOZOAIRES.........................		*Foraminifères.* *Infusoires.* *Spongiaires.*

ZOOLOGIE.

NOTIONS GÉNÉRALES.

CHAPITRE I.

CARACTÈRES QUI DISTINGUENT LES ÊTRES ORGANISÉS DES CORPS BRUTS OU INORGANIQUES.

Division des corps naturels en organisés et inorganiques. — Il y a dans la nature deux catégories bien distinctes de corps. Quels que soient d'ailleurs les éléments chimiques qui les constituent ou les forces agissant sur eux, les uns ne sont formés que de matière à l'état brut et ils restent complétement inertes. Ces corps sont dépourvus d'organes pouvant servir à l'accomplissement de fonctions comparables à celles que nous voyons exécuter aux animaux et aux végétaux : ce sont les *minéraux ;* la grande division qu'ils constituent parmi les êtres dont l'étude fait l'objet des sciences naturelles est l'empire inorganique; on les nomme à leur tour *corps bruts* ou *corps inorganiques.*

D'autres jouissent d'une activité propre, dite irritabilité par quelques auteurs, et qui se traduit en actes spéciaux établissant des rapports nécessaires et constants entre eux et le monde extérieur. Ils sont doués de la vie; les or-

ganes qu'ils possèdent sont des instruments qui leur permettent de se soustraire à l'inertie caractéristique des
autres corps naturels et assurent la multiplication de leurs
espèces. Aussi exercent-ils un rôle à part au sein de la
nature, dont ils tirent incessamment les matériaux nécessaires à leur accroissement et à l'entretien de leur
activité. Ce sont, si l'on veut, de véritables machines,
mais des machines animées et mises en mouvement par
un agent spécial, la vie, dont les corps bruts ne subissent pas l'impulsion, et ils portent en eux ce principe
d'action. Les corps de cette seconde catégorie sont appelés corps *vivants* ou *organisés;* ce sont les animaux et
les plantes. L'homme appartient par sa partie corporelle
et périssable aux êtres organisés; il est le plus parfait
d'entre eux.

L'examen des corps organisés ou êtres vivants constituant
le règne animal et le règne végétal, et celui des minéraux
ou corps bruts, forment deux grandes branches de l'histoire naturelle, qui correspondent aux deux empires organique et inorganique. La première de ces branches comprend la *Zoologie* (histoire du règne animal) et la *Botanique*
(histoire du règne végétal); elle a également reçu le nom
général de *Biologie*, signifiant histoire de la vie. L'autre est
appelée *Minéralogie* (histoire des minéraux) lorsqu'elle
s'applique spécialement à l'observation des roches ou des
minéraux envisagés en eux-mêmes; on la nomme *Géologie*
(histoire de la terre) lorsqu'elle cherche à découvrir les conditions anciennes ou nouvelles de la formation du globe
terrestre ainsi que celles de sa constitution et les relations
des différentes parties dont il est formé.

Une comparaison plus étendue entre les êtres vivants et
les corps bruts fera mieux ressortir les différences qui distinguent l'une de l'autre les deux grandes catégories des
corps naturels; de plus, elle nous mettra à même de saisir
le but élevé qu'on se propose par leur étude, ainsi que la
valeur des méthodes auxquelles on a recours pour les mieux
connaître.

Les différences existant entre les deux grandes divisions des corps terrestres sont de plusieurs sortes; on les tire de l'origine de ces corps, de leur composition chimique, de leur forme, de leur mode d'existence, de leur structure et de leur fin ou mode de terminaison.

I. **Origine des corps naturels.** — Au lieu de n'avoir, comme les masses minérales, pour point de départ et pour cause prochaine de leur formation que la mise en jeu de certains agents physiques ou l'intervention de phénomènes chimiques, les corps organisés *naissent*, c'est-à-dire qu'ils doivent le jour à des êtres semblables à eux, que le moyen employé par la nature consiste en œufs ou en graines, ou que ce soit un bourgeon ou plus simplement la division du corps reproducteur en fragments susceptibles d'acquérir bientôt les mêmes caractères que lui, comme les végétaux nous en montrent tant d'exemples et comme nous le voyons dans les polypes du genre Hydre (fig. 1).

Ils sont donc engendrés par des parents ayant des organes analogues aux leurs, doués des mêmes propriétés vitales et exerçant au sein de la création un rôle semblable à celui qu'ils doivent accomplir à leur tour. Les affinités chimiques suffisent à la production de nouveaux corps bruts; elles sont impuissantes, aussi bien que les autres forces purement physiques, lorsqu'il s'agit de la production des corps vivants, même des plus simples.

De l'acide carbonique et de la chaux donnent lieu à la formation de carbonate de chaux en se combinant ensemble, et un fragment de cette substance peut aussi, par la division, fournir autant de particules ou échantillons du même minéral qu'on le voudra, ayant tous les mêmes caractères et qui sont à leur tour des corps jouissant des mêmes propriétés que le carbonate de chaux en question, que celui-ci soit naturel ou qu'il ait été produit artificiellement par la chimie. Tous les autres corps bruts sont aussi dans ce cas.

Au contraire, il n'apparaît de nouveaux individus animaux ou végétaux qu'à la condition que des parents, c'est-à-dire des êtres semblables et de même espèce, jouissant de la propriété de se reproduire, leur donnent naissance. Il en résulte que tout être vivant est produit par voie de génération par d'autres individus également doués de la vie, et qu'il naît de parents semblables à lui. Tout corps organisé, c'est-à-dire vivant, descend donc d'un être organisé et vivant (*Omne vivum ex vivo*).

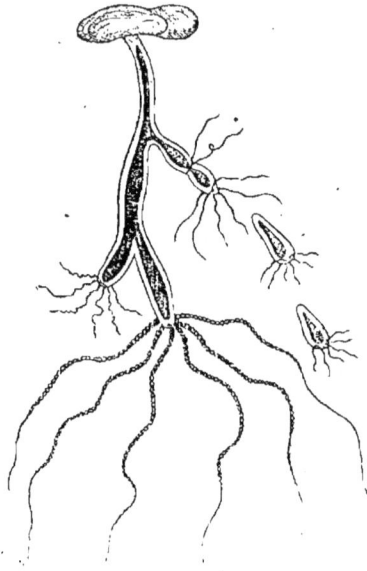

FIG. 1. — *Hydre*, ou polype des eaux douces.

Hydre, grossie. Elle est fixée sous une lentille d'eau et comprend trois individus dont le plus grand a les bras ou tentacules plus étendus que les deux autres. Le tube noir qui longe intérieurement le corps représente le tube digestif. L'individu situé à droite a été lié au-dessous de son point d'insertion au reste de la colonie, pour montrer un des moyens par lesquels on peut obtenir la multiplication de cette espèce par division ou scissiparité. Au-dessous de lui sont deux individus supposés obtenus par ce procédé.

Chaque jour, les observations plus précises de la science tendent à mettre hors de doute la vérité de cette assertion. Elles conduisent à penser qu'il en est ainsi pour les espèces les plus petites ou les plus simples, telles que les plantes microscopiques ou les animaux infusoires, aussi bien que pour les animaux ou pour les végétaux de grande taille et d'une organisation plus parfaite dont il nous est toujours facile d'observer la filiation généalogique. On est ainsi amené à admettre qu'il n'y a point, comme quelques auteurs l'ont soutenu, de génération spontanée, dans le sens rigoureux de ce mot, puisque dans aucun cas nous ne voyons les agents physiques ou chimiques suffire à la procréation de nouveaux êtres organisés, si simples ou si petits qu'on les suppose.

II. **Composition chimique des corps naturels.** — Cependant les corps vivants ne sont pas formés d'éléments chimiques différents de ceux qui entrent dans la composition des corps bruts, et si les analyses comparatives que l'on a faites des uns et des autres ont montré qu'un certain nombre des corps simples que la chimie nous apprend à connaître ne se rencontrent que dans les minéraux, ou du moins n'ont encore été rencontrés que là, elles ont aussi fait voir que plusieurs de ces éléments constitutifs sont nécessaires à la composition des animaux et des végétaux. Il en est même qui se retrouvent dans tous les êtres vivants et sont indispensables à leur existence. On les y observe à l'état de combinaisons plus ou moins différentes par leurs caractères chimiques de celles qu'ils affectent dans les corps bruts ; ce sont les matériaux indispensables de la vie et ils se montrent dans l'organisme sous les trois formes solide, liquide ou gazeuse qu'ils affectent dans la nature inorganique.

D'autres substances paraissent n'avoir dans les phénomènes vitaux qu'un rôle secondaire ; mais elles sont aussi, dans la plupart des cas, soumises à un renouvellement incessant lorsqu'elles font partie des corps organisés, et, sous ce rapport, une grande différence se remarque également entre le mode d'existence des corps vivants et celui des corps bruts.

On observe d'ailleurs dans la substance des animaux ainsi que dans celle des végétaux des composés qui sont absolument

identiques à ceux que nous présente le monde inorganique.
Ainsi il entre de l'eau et d'autres combinaisons binaires
comme partie intégrante de la constitution chimique de tous
les êtres organisés aussi bien que de celle de beaucoup de
minéraux.

Le chlorure de sodium n'est pas moins indispensable à
certaines humeurs des corps vivants, particulièrement au
sang des animaux, qu'il ne l'est aux eaux de la mer; le
phosphate de chaux forme la partie terreuse du squelette
et il se retrouve en masses dans certaines montagnes; les
coquilles, ainsi que les polypiers, sont solidifiées par du
carbonate de chaux ne différant pas de celui de la plupart
de nos pierres calcaires; la potasse, sous forme de sel, est
fort répandue dans les végétaux ainsi que dans leurs fruits
ou dans leurs graines, et l'analyse la retrouve en abondance
dans leurs cendres; la silice forme la charpente solide ou
la carapace de beaucoup d'animaux et de végétaux inférieurs (fig. 2), ce dont nous avons la preuve par les tri-

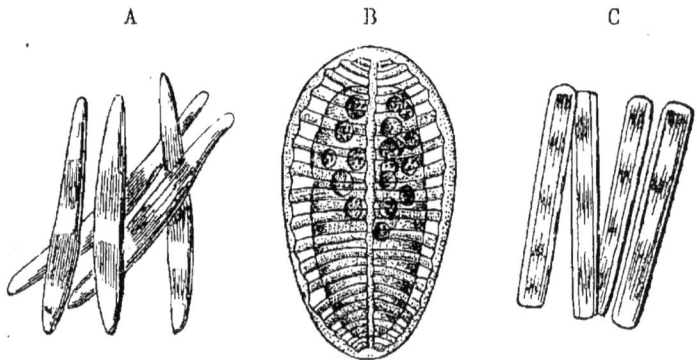

FIG. 2. — Carapaces siliceuses d'infusoires végétaux de la famille des algues
(très-grossies). = a) *navicules;* — b) *surrirelle;* — c) *bacillaires.*

polis, qui ne sont autre chose que des agglomérations de
carapaces d'infusoires solidifiées par cette substance. Nous
pourrions citer bien d'autres exemples analogues à ceux-là.

Toutes les combinaisons chimiques que l'on observe dans
les corps osganisés ne sont pourtant pas aussi semblablès à

celles que la chimie minérale nous fait connaître, et si l'analyse qualitative a montré que la moitié environ des éléments chimiques aujourd'hui connus se retrouve dans les animaux ou les végétaux[1], l'analyse quantitative nous fait voir, à son tour, que dans beaucoup de cas, et ces cas sont, en réalité, les plus importants pour la théorie des manifestations vitales, les éléments chimiques forment dans les corps organisés et sous l'influence de la vie des composés différents de ceux de la nature minérale.

Le carbone est l'élément fondamental de ces nouvelles combinaisons. Il y est associé à l'hydrogène et à l'oxygène, auxquels s'ajoute, dans d'autres circonstances, une certaine quantité d'azote. On nomme ces substances, propres aux corps vivants et que la chimie ne reproduit encore qu'avec peine, des principes immédiats, ou, pour rappeler leur origine, des substances organiques, et on les partage en deux groupes, dits quaternaires et ternaires, suivant qu'elles renferment ou non de l'azote, et qu'elles sont alors formées de quatre éléments ou de trois seulement.

Le soufre ou le phosphore, quelquefois l'un et l'autre de ces deux éléments chimiques, peuvent aussi faire partie intégrante de certains composés dits quaternaires, tels que l'albumine et autres principes qu'on a appelés protéiformes. La gélatine nous fournit l'exemple d'un principe immédiat purement quaternaire.

A la série des substances ternaires appartiennent la plupart des corps gras, les fécules, les sucres, les gommes et plusieurs autres substances encore dont nous tirons un très-grand parti pour notre alimentation ou qui jouent un rôle important dans l'industrie.

---

1. En voici la liste, établie d'après l'ordre de leur fréquence :

Carbone.	Chlore.	Fluor.	Lithium.
Hydrogène.	Iode.	Aluminium.	Argent.
Oxygène.	Calcium.	Brome.	Cæsium.
Azote.	Potassium.	Cuivre.	Rubidium.
Soufre.	Silicium.	Plomb.	
Phosphore.	Fer.	Arsenic.	

III. **Forme des corps naturels.** — La forme n'est pas
moins caractéristique lorsqu'il s'agit de distinguer les
corps vivants d'avec les corps bruts. Un fragment de pierre
enlevé à un rocher est un individu minéral au même titre
que ce rocher lui-même ; mais il peut avoir une forme totalement différente de la sienne. Ou bien la forme des minéraux est irrégulière et la manière dont chaque fragment
a été séparé de la masse dont il provient, roulé par les
eaux ou modifié d'une manière encore différente par les
circonstances extérieures peut seule en rendre raison ; ou
bien le minéral est régulier, et il constitue alors un solide
géométrique parfaitement reconnaissable, terminé par des
arêtes vives ainsi que par des surfaces planes (fig. 3). On le
rendrait incomplet en en séparant un
seul fragment, et les minéraux de même
composition cristallisent habituellement
dans la même forme.

Les corps vivants ont aussi des formes
déterminées, et ces formes, ou la série
de ces formes, car ils en changent souvent avec l'âge, fait également partie de
leurs caractères ; une espèce diffère d'une
autre espèce par les formes qui lui sont
propres. Mais il n'y a ici ni arêtes vives
ni surfaces planes, et l'apparence extérieure des êtres vivants n'a rien de celle
qui distingue les cristaux. Les contours

FIG. 3. — *Silice*, ou
cristal de roche ; exem-
ple de forme cristalline.

en sont émoussés et l'ensemble est sphé-
rique ou ovalaire comme dans les œufs, dans les volvox et
autres espèces inférieures ; radiaire, comme dans l'étoile
de mer, dans la fleur du fraisier et dans toute autre fleur
dite régulière ; ou bien encore symétriquement paire,
comme cela a lieu pour le corps de l'homme, qu'on pourrait partager en deux moitiés inversement similaires entre
elles. En outre, l'intérieur des corps vivants n'est point
ormé par une masse homogène, et ces corps ne sont pas
composés de matériaux qui restent à l'état purement molé-

culaire; c'est ce que nous verrons en traitant de leur structure. Enfin les particules chimiques des êtres vivants sont
dans un état constant de renouvellement, et la forme, ainsi
qu'on l'a dit souvent, en domine la substance, tandis que
le contraire semble avoir lieu pour les corps bruts.

IV. **Mode d'existence des corps naturels.** — Subordonnés à la seule influence des agents physiques ou chimiques, et n'ayant d'autres propriétés que celles qui sont caractéristiques de la matière envisagée en dehors de toute
action vitale, les corps bruts n'ont pas une existence indépendante. Ils restent sous l'action des agents dont nous
venons de parler; un état de véritable inertie est leur caractère dominant; ils s'accroissent sans se nourrir et par
simple juxtaposition de particules nouvelles. Aussi n'ont-
ils ni évolution régulière, ni âges, ni facultés nutritives, ni
moyens de propagation, et tels ils ont été produits, tels ils
resteraient, si aucune force extérieure ou aucun accident ne
venait agir sur eux.

Les êtres vivants ne sont pas dans le même cas. Ils reçoivent de leurs parents, avec la vie que ceux-ci leur
transmettent, une activité incessante dont l'exercice les met
dans un état constant d'action et de réaction par rapport au
monde extérieur; ils exécutent des fonctions plus ou moins
complexes, mais toujours évidentes, et certaines forces
spéciales surajoutées aux forces physiques qui régissent les
corps bruts modifient en eux la manière dont agissent les
éléments organiques qui les composent; ils ont aussi des
propriétés plus nombreuses que les matériaux homogènes
des corps bruts. Il en résulte la production de phénomènes
bien plus compliqués que ceux dont nous avons des exemples dans le monde physique.

Ajoutons que les êtres vivants ont toujours une indi-
vidualité distincte du monde extérieur et que leur activité
se traduit en actes indépendants, ce qui donne à chacun
d'eux un rôle spécial dans la nature.

L'absorption et l'exhalation des matières nutritives qu'ils
empruntent au monde ambiant sont la condition indispen-

sable de l'existence des êtres vivants, et leur accroissement
se fait par intussusception, après élaboration intérieure, au
lieu de s'accomplir par simple juxtaposition; c'est-à-dire
qu'ils grandissent par l'accumulation de parties nouvelles
que l'intérieur de leur corps s'assimile. Ils se développent
donc par tous les points de leur masse, en même temps
qu'ils en renouvellent incessamment les matériaux, et de
nombreuses réactions s'accomplissent dans l'intérieur
même de leur corps. La mise en jeu des forces qui les
animent est le point de départ d'une série de fonctions qui
nécessitent la présence d'instruments spéciaux auxquels on
donne le nom d'*organes*, et c'est de l'activité particulière de
ces organes, ainsi que de celle des propriétés inhérentes
aux éléments anatomiques qui les constituent, que résultent
l'évolution de ces corps tant qu'ils sont en vie, et, par suite,
les manifestations mêmes de la vie qui les anime.

V. **Structure des corps naturels.** — Les organes ou
instruments vitaux des corps organisés ne sont pas formés
de matériaux qui conservent l'état purement moléculaire à
la manière des parties qui constituent les corps bruts. Une
seule molécule, un atome même, s'il s'agissait d'un corps
simple, représenterait à la rigueur chacun de ces derniers,
s'il était de même nature chimique que les particules qui les
constituent en totalité. Au contraire, les principes immédiats des animaux et des végétaux, ainsi que les autres
matériaux dont les corps vivants sont formés, sont indispensables à leur constitution, et la molécule ou l'atome ne
joue plus chez eux qu'un rôle secondaire. Il y a une structure anatomique due à la présence des tissus, et les éléments constitutifs de ces tissus peuvent être de plusieurs
sortes.

Ils sont formés de particules ayant une forme spéciale qu'il est possible de ramener par l'analyse microscopique, et en assistant à leur première formation, à des *cellules* ou *utricules* (fig. 4 à 7). Ces cellules jouissent d'ailleurs, comme l'ensemble des corps qu'elles constituent, de
la propriété d'absorption et de celle d'exhalation. Ce sont les

matériaux véritablement organisés des êtres vivants, comme
les molécules chimiques sont les matériaux des corps bruts ;

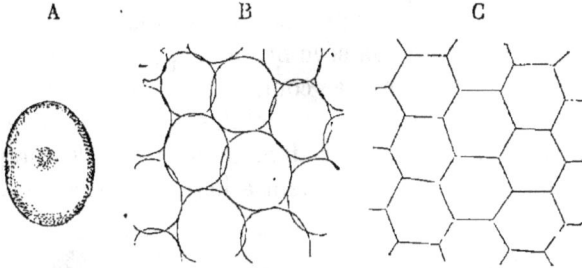

FIG. 4. = a) *Cellule végétale*, isolée, montrant son nucléus ; — b) *Cellules végétales* simplement rapprochées les unes des autres; tirées de l'asperge ; — c) *cellules végétales* serrées les unes contre les autres, et rendues polyédriques par la pression ; tirées de la balsamine.

mais elles possèdent des propriétés plus complexes que celles réservées à ces dernières, et la vie réside dans chacune d'elles tout aussi bien que dans l'ensemble de chacun des

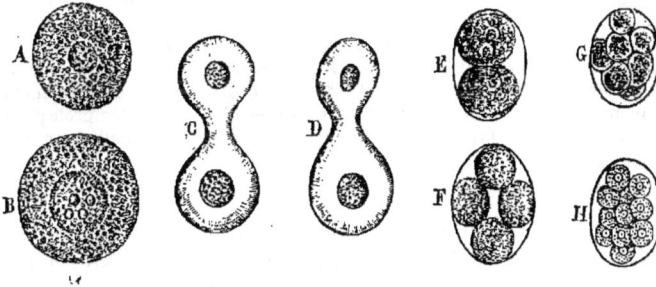

FIG. 5. = *Cellule* pourvue de son noyau, ou *nucléus.* — Le nucléus de la figure b renferme des nucléoles (des reins du bœuf).

FIG. 6. = *Développement des cellules ;* — c et d) deux cellules se multipliant par division (exemple tiré des globules sanguins).

FIG. 7. = e à h) multiplication des cellules par segmentation; dans le vitellus de l'œuf d'un entozoaire du genre ascaride.

êtres qu'elles constituent par leur agrégation. Elles sont assujetties dans leur mode de formation, ainsi que dans leur multiplication, à des lois comparables à celles qui président

au développement et à la multiplication des êtres organisés
eux-mêmes. En outre, des substances liquides ayant une
composition chimique propre et quelquefois une organisation véritable, comme la séve ou le sang, sont appelées à
jouer un rôle actif dans la composition des végétaux et
des animaux. La présence de cellules dans les liquides de
l'organisme et en particulier dans le sang (fig. 8) ne permet pas de douter qu'ils ne soient à leur tour organisés.

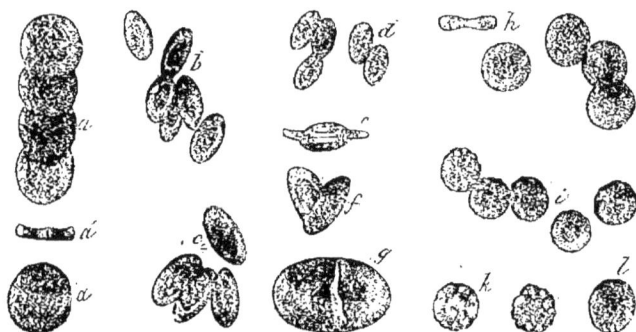

FIG. 8. — *Globules du sang :* = *a*) globules du sang humain, vus sous différents aspects ; — *b*) globules du chameau ; — *c* et *d*) *id.* d'oiseaux ; — *e*) *id.* de
la grenouille, vus par la tranche ; — *f*) *id.* du protée ; — *g*) *id.* de la salaman-
dre ; on en a déchiré la membrane extérieure ; — *h*) *id.* de la lamproie ; — *i*)
id. du homard ; — *k*) *id.* de la limace ; — *l*) leucocyte, ou globule blanc ; du
sang humain.

Les principes immédiats et les matières salines ou autres
qui font partie des êtres vivants sont à la disposition des
cellules ou utricules, dont ces êtres sont en grande partie
constitués, et ces cellules ont toutes leur vie propre, du moins
pendant un certain temps ; aussi les diverses modifications
qu'elles subissent concourent-elles, par une action commune,
à la vie de tous ces agrégats plus ou moins complexes de
cellules vivantes que nous appelons des animaux ou des végétaux, suivant le règne auquel ils appartiennent. Ce sont
ces derniers que l'on regarde comme étant les véritables individus, quoiqu'ils résultent en définitive de l'association
de cellules souvent fort différentes les unes des autres et en

nombre presque toujours très-considérable. Ajoutons que
c'est de l'activité fonctionnelle des cellules constituant les
tissus des animaux et ceux des végétaux que dépend l'activité vitale de ces différents êtres. De la complication et de
la diversité de leurs cellules dépend aussi la supériorité de
leur organisme et celle des fonctions qu'ils exécutent.

Il est un certain nombre d'êtres vivants si simples (animaux ou végétaux inférieurs) qu'ils ne consistent qu'en une
seule cellule chacun. L'œuf et la graine commencent l'un
et l'autre par une simple cellule, dans laquelle apparaissent
bientôt d'autres cellules et l'accumulation ou l'agencement
de ces dernières, puis ensuite la substitution de cellules nouvelles à des cellules mises hors de service par l'accomplissement des fonctions qui leur sont confiées, se continue pendant toute la vie, à partir du moment où cet œuf et cette
graine ont commencé à germer jusqu'à celui où l'être qui
en est résulté arrive au terme naturel de son existence et
cesse de vivre.

VI. **Fin ou mode de terminaison des corps naturels.**
— En effet, tandis que les corps bruts peuvent durer indé-
finiment si les conditions au milieu desquelles ils se sont
formés restent les mêmes, les êtres vivants, par cela seul
qu'ils sont doués d'activité et qu'ils possèdent dans leurs
cellules élémentaires, ou dans les organes constitués par ces
cellules, des instruments toujours en jeu, subissent la con-
séquence de leur propre activité. La durée de leur existence est limitée par l'usage dont leurs organes sont susceptibles, et, après s'être développés, après avoir fonctionné
pendant un certain temps dans une direction physiologique
déterminée et avoir rempli leur rôle au sein de la création,
ils s'usent dans le sens vrai de ce mot, perdent l'activité
dont ils étaient doués et deviennent incapables de fonction-
ner davantage, ce qui détermine leur mort.

Les matériaux chimiques qui les constituaient, plus particulièrement leurs principes immédiats, se dissocient alors
pour entrer dans de nouvelles combinaisons ou servir à l'a-
limentation d'autres êtres vivants. La fermentation et la

putréfaction en détruisent ainsi une grande partie, et la seule condition susceptible d'en conserver des traces d'une manière durable est la fossilisation.

Dans ce dernier cas, les restes minéralisés des corps organisés vont concourir à la formation de nouvelles roches, et l'on voit souvent des débris fossiles d'animaux ou de végétaux si petits que le microscope seul peut en démontrer la présence, donner lieu, par leur accumulation, à l'apparition de dépôts sédimentaires constituant de puissantes masses de terrains. La craie blanche résulte d'une semblable accu-

Fig. 9. — Foraminifères microscopiques de la craie de Meudon (très-grossis).

mulation de corps organisés qui se sont déposés au fond de l'océan vers la fin de la période secondaire (fig. 9) et sur

un grand nombre de plages, les sables abandonnés par la
mer n'ont pas une autre composition.

C'est de la même manière que les infusoires à carapaces
siliceuses ou les bacillaires (fig. 2) font apparaître par leur
amoncellement de nouvelles couches au fond des lacs.
Aux époques géologiques anciennes, le rôle de ces infiniment petits de la création n'a pas été moins considérable
qu'il ne l'est actuellement.

La fossilisation nous a ainsi conservé les restes de beaucoup d'êtres organisés très-différents de ceux d'aujourd'hui,
qui se sont succédé ainsi depuis que la vie a commencé à
se manifester à la surface de notre planète. Non-seulement
parfois on reconnaît la forme de ces débris organiques, mais
leur structure s'est aussi conservée. Certaines parties fossiles
des animaux ou des plantes, comme les dents (fig. 10), les
os, le bois, etc., ont alors gardé jusqu'aux moindres par-

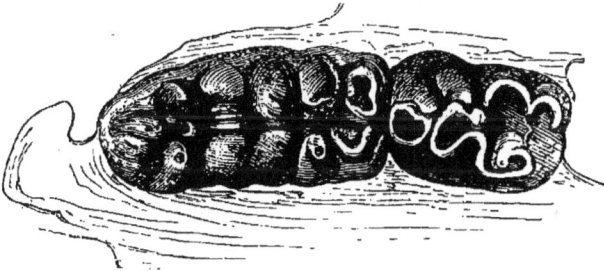

FIG. 10. — Deux dents fossiles de *Mastodonte* (réduites).

ticularités microscopiques qui les distinguaient pendant la
vie des êtres dont ils proviennent. C'est ce qui permet de les
comparer exactement aux mêmes parties prises dans des espèces actuellement existantes et d'établir leurs analogies
ou leurs différences.

Dans d'autres cas, ce sont les matériaux chimiques
qui ont résisté à la destruction, et l'on retrouve dans le
globe des couches sédimentaires ayant cette origine et d'une
étendue non moins considérable, qui sont des principes im-

médiats à peine altérés ou même n'ayant subi aucune modification. Nous verrons, en traitant des minéraux, que les
houilles, les lignites, le succin, etc., sont plus particulièrement dans ce cas. Le guano, qu'on emploie aujourd'hui
comme engrais, est aussi une substance d'origine organique ; il résulte de l'accumulation sur le sol de certaines îles
des excréments des oiseaux marins qui viennent s'y reposer.
L'ambre gris est également de provenance animale. Le
succin ou ambre jaune est une résine abandonnée dans le
sol par des conifères propres à la période tertiaire. Citons encore la turquoise occidentale, particulièrement
celle de Simorre (Gers), qui consiste en ivoire fossile de
mastodonte.

CHAPITRE II.

DE L'ESPÈCE EN HISTOIRE NATURELLE, PARTICULIÈREMENT CHEZ LES ÊTRES ORGANISÉS. NOMENCLATURE.

Une question domine toute l'histoire naturelle, c'est la question de l'*espèce*, dont il convient de traiter avant d'exposer en détail les particularités distinctives des animaux ou des végétaux et de décrire les organes qui constituent ces êtres ainsi que les fonctions qu'ils exécutent.

Opinions des anciens. — Les anciens ne se sont pas arrêtés à cette question, si importante cependant, et l'on peut dire qu'ils n'ont pas compris les difficultés qu'elle soulève, comme nous pouvons le faire aujourd'hui en présence du nombre presque infini des animaux et des plantes dont l'observation de la nature actuelle et les découvertes paléontologiques nous révèlent les principales particularités caractéristiques. Placés d'ailleurs sous l'influence d'autres idées cosmogoniques que les nôtres et peu au courant des lois de la filiation des animaux inférieurs, ils expliquaient par une génération équivoque ou même spontanée l'apparition journalière d'un grand nombre de ces derniers.

Quoique Aristote ait eu à cet égard des idées beaucoup plus exactes que la plupart des naturalistes qui ont écrit après lui, il faut arriver jusqu'à Redi, savant observateur italien qui vivait au dix-septième siècle, pour voir démontrer scientifiquement que la corruption n'engendre pas des vers ni la vase des poissons ou des grenouilles.

Tout le monde sait aujourd'hui que les têtards sont des grenouilles n'ayant pas encore accompli leur métamorphose, et que ce sont les œufs des grenouilles qui leur donnent naissance. De semblables métamorphoses ont lieu chez beaucoup d'autres animaux.

Il paraît que ces faits vulgaires et d'autres encore n'ont pas toujours été à la connaissance des philosophes ou des savants ; mais les expériences de Redi ne laissèrent à cet égard aucun doute. Il montra, en effet, que les vers de la viande sont les larves des mouches qui viennent se poser sur cette substance, et qu'ils naissent des œufs déposés par elles.

La démonstration bien simple de Redi sur les vers de la viande fut un coup fatal porté à la théorie des générations spontanées et le signal de nouvelles découvertes dans les sciences naturelles dont le propre est de confirmer par l'expérimentation les données fournies par l'observation directe et réciproquement de vérifier celles de l'expérimentation par des observations rigoureuses et irréfutables.

Des observations plus récentes, entreprises sur les vers intestinaux, les animalcules microscopiques et les végétaux inférieurs, ont aussi conduit à des résultats analogues et montré que tous ces êtres, quelque infimes qu'ils soient, naissent d'individus semblables à eux, et que, dans toutes leurs espèces, la propagation de nouveaux sujets a pour moyen la génération soit par œufs ou graines, soit par gemmes ou bourgeons. De là cet adage aujourd'hui généralement accepté : tout être vivant provient d'un être doué de la vie.

La Genèse, en parlant de l'apparition des êtres organisés et de l'intervention directe de la puissance divine dans leur création, dit que les plantes, les poissons, les animaux terrestres et aquatiques, les oiseaux, les bêtes sauvages et les animaux domestiques ont été créés, *chacun suivant son espèce.* C'est ce mot *espèce (species)* que les naturalistes ont choisi pour exprimer chaque sorte d'êtres créés appartenant à l'empire organique ; il fait allusion aux caractères propres et par conséquent spécifiques ou spéciaux possédés par toute plante ou tout animal, et qui se retrouvent chez les autres plantes ou les autres animaux de même filiation. Ces caractères, en effet, sont ceux que se transmettent avec la vie, de génération en génération, les individus d'une même espèce.

Opinion de Linné et de Jussieu.—Le mot *espèce* pris dans ce sens répond au mot *genre* (γενος) signifiant lignée, tel que l'emploie souvent Aristote. Linné s'en est servi de préférence à ce dernier [1], et comme les règles qu'il a données pour la nomenclature des êtres ont bientôt fait loi dans la science, l'expression espèce (*species*) est ainsi passée dans le langage pour exprimer un *ensemble d'êtres vivants ayant les mêmes formes, qui proviennent les uns des autres par voie de génération et sont capables de produire à leur tour de nouveaux individus possédant les mêmes caractères principaux.* Tels sont, par exemple, les hommes, les lions, les tigres, les chevaux et toutes les autres sortes d'animaux ou de végétaux, à quelque race d'hommes, de lions, etc., ou à quelque pays qu'ils appartiennent. Aussi Linné a-t-il dit qu'il y a autant d'espèces qu'il est primitivement sorti de formes distinctes des mains du créateur (*species tot numeramus quot diversæ formæ in principio sunt creatæ*).

Mais cette notion, en apparence si claire et si précise, de l'espèce organisée envisagée chez les êtres vivants ne laisse pas d'offrir dans la pratique de fréquentes difficultés. D'autre part, les naturalistes l'ont souvent altérée ou modifiée, en attribuant aux individus de même espèce, et qui descendent par conséquent les uns des autres par voie de génération, une ressemblance plus grande que celle qu'ils ont réellement. Il est facile de constater que le têtard et la grenouille, qui sont bien de la même espèce puisqu'un seul et même individu, vu à deux époques différentes de son existence, se

---

1. On a pu dès lors réserver la dénomination de *genre* à la réunion des espèces qui ont entre elles le plus de ressemblances, et nous verrons plus loin que cet usage a prévalu.

présente sous l'une ou l'autre de ces formes, sont loin de
se ressembler absolument (fig. 11). De même aussi le
coq et la poule diffèrent entre eux ; l'enfant n'a pas tous
les caractères physiques de l'adulte ou du vieillard ; les deux
sexes d'une même espèce sont souvent faciles à distinguer,
et, en mille autres circonstances, des sujets également de
même espèce nous montrent des différences pour le moins
aussi considérables que celles-là.

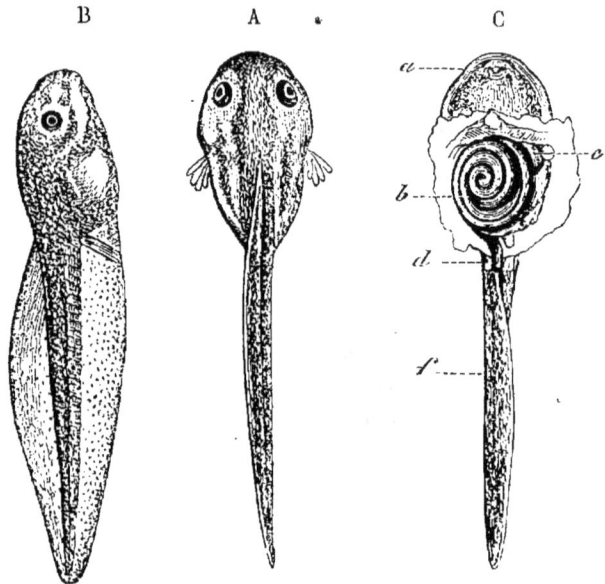

FIG. 11. — Têtard de la *Grenouille*. = *A*) vu de profil ; — *B*) *id.*, vu en
dessus ; les branchies apparaissent de chaque côté ; — *C*) ouvert ; = *a*) est la
bouche garnie de son bec corné ; — *b*) l'intestin, plus long proportionnellement
que celui de la grenouille et formant des circonvolutions ; — *d*) rudiments des
membres postérieurs visibles de chaque côté de l'anus ; — *f*) la queue, qui
disparaît lors de la métamorphose.

De Jussieu a par conséquent exagéré la ressemblance que
doivent offrir les individus de chaque espèce, lorsqu'il a
dit qu'ils sont absolument identiques dans la totalité de
leurs parties et qu'ils se reproduisent avec une telle similitude de caractères que chacun d'eux est la représentation

fidèle de son espèce dans le passé, dans le présent et dans l'avenir (*vera totius speciei præteritæ et præsentis et futuræ effigies*). Cette proposition, déjà exagérée lorsqu'il s'agit des plantes, est tout à fait inadmissible si on l'applique aux animaux qui pour la plupart subissent avant leur naissance, et même après, de si grands changements. C'est en se méprenant ainsi sur la valeur de caractères qui sont purement individuels ou même temporaires que certains naturalistes, après avoir pris à la lettre l'affirmation de de Jussieu, ont été conduits à multiplier sans utilité pour la science le nombre des espèces qu'ils ont décrites.

On sait d'ailleurs que tous les sujets appartenant à une même espèce ne sont pas constamment semblables entre eux, même lorsqu'ils sont arrivés à leur état parfait de développement. Il suffirait pour le démontrer de rappeler les différences qui existent souvent entre le mâle et la femelle chez les animaux supérieurs ou même chez les végétaux dioïques. Il y a d'ailleurs des faits encore plus remarquables que ceux-là. Beaucoup de zoophytes et bien d'autres espèces soit animales, soit végétales se présentent sous deux formes très-différentes l'une de l'autre et qui n'apparaissent qu'alternativement dans la série des générations constituant ces espèces. Dans un cas, les sujets produits sont pourvus d'organes sexuels et engendrent des œufs; dans l'autre, ils sont privés de ces organes et ne se multiplient que par bourgeonnement ou division. Ce singulier mode de multiplication a reçu le nom de *génération alternante*. On ne l'observe en zoologie que sur des animaux appartenant aux groupes inférieurs.

Variétés et races. — Si de Jussieu ne tient pas assez compte, dans le passage que nous lui avons emprunté, des différences de l'âge, de celles des races et de certaines autres variations encore, qu'il connaissait cependant d'une manière parfaite, d'autres auteurs, à la tête desquels se place Lamarck, ont singulièrement exagéré la variabilité des espèces, et ils vont jusqu'à les faire descendre toutes les unes des autres; mais c'est là une pure hypothèse, plus commode pour simplifier le grand problème de l'origine des êtres organisés que capable de nous éclairer à cet égard.

Bornons-nous donc à établir qu'une variabilité relative et limitée existe dans la plupart des espèces, principalement dans celles qui vivent sous l'influence de l'homme, que ces espèces appartiennent au règne animal ou au règne végétal; et que, dans la nature, on la constate également lorsque l'on compare entre eux des sujets de même espèce provenant de diverses localités. Il se produit donc des variétés ou des races différentes les unes des autres, qui durent un temps plus ou moins long; elles sont même susceptibles, dans certains cas, d'être prises pour des espèces véritables, distinctes de celles auxquelles elles appartiennent réellement, lorsqu'on ne se rend pas un compte exact de leurs caractères. Cette erreur est surtout facile à commettre si l'on n'a pas la clef du mode d'apparition de ces fausses espèces et si l'on ne constate pas la facilité avec laquelle elles peuvent le plus souvent disparaître en revenant à la souche dont elles dérivent, après s'en être écartées d'une façon plus ou moins apparente.

On réserve habituellement le nom de *variétés* pour les modifications individuelles des espèces, quelle que soit la valeur des différences qui les distinguent, et l'on appelle *races* ces mêmes variétés, lorsque, fixées par la reproduction, elles peuvent fournir pendant un laps de temps plus ou moins considérable une lignée particulière.

Quoi de plus fécond en variétés et en races que nos espèces domestiques de mammifères ou d'oiseaux et que nos espèces de plantes alimentaires ou d'agrément? La culture agit sur elles avec une promptitude qui pourrait faire croire à la possibilité de transformations plus profondes et appuyer l'hypothèse des naturalistes qui attribuent la formation des espèces à la modification lente mais continue de formes primitives, tout à fait différentes d'abord de ce qu'elles sont devenues ensuite. Moins parfaites lors de leur première apparition, ces formes perfectibles se seraient, suivant eux, transformées graduellement sous des influences diverses, et elles auraient ainsi éprouvé des transfigurations bien autrement considérables que celles que la culture, les semis ou les conditions actuelles peuvent leur faire subir ; mais, nous l'avons déjà fait remarquer, on n'a pas la preuve qu'il en ait été réellement ainsi.

L'homme tire parti de la variabilité restreinte des espèces, sans avoir pour cela le pouvoir de former des espèces nouvelles ; et si, par des soins bien entendus, il exagère certaines qualités utiles des races sur lesquelles il agit, ou atténue certaines de leurs propriétés qui sont contraires au but qu'il se propose d'atteindre en les multipliant, son action est cependant limitée. Il ne saurait transformer une espèce donnée en une autre espèce, déjà connue, faire apparaître une espèce nouvelle, ni la faire passer du genre auquel elle appartient dans un genre différent de celui-là ou lui donner la valeur d'un genre de nouvelle formation ; encore moins en ferait-il le point de départ d'un groupe nouveau d'espèces et de genres. Son action ne s'étend pas au delà de la production des variétés ou des races et, le plus souvent, dès que cette action cesse de se faire sentir, le retour de ces fausses espèces à la forme initiale ne tarde pas à s'opérer.

Le choix et la création des bonnes variétés constitue un art qui fait chaque jour de rapides progrès et devient, grâce à l'emploi d'une sélection intelligente, un précieux élément de la richesse agricole ; mais combien d'artifices, de précautions et de soins l'entretien de ces nouvelles variétés n'exige-t-il pas ? c'est ce dont on ne peut se faire une idée qu'en voyant à l'œuvre les agriculteurs, les horticulteurs et tous les praticiens des différents arts qui relèvent des sciences naturelles.

Limites de la variabilité. — Si nous discutions à fond la théorie de l'espèce, nous verrions que, même en accordant aux changements de formes dont ces collections naturelles d'individus sont susceptibles une étendue plus grande encore que celles dont elles jouissent, il ne nous serait pas possible d'admettre comme réelles les transformations illimitées que divers auteurs ont supposées; cependant la variabilité est dans certains cas si étendue, qu'elle peut aboutir à la production de formes monstrueuses et même laisser subsister ces formes pendant plusieurs générations ; mais, ainsi que nous l'avons déjà dit, elle est impuissante à transformer une espèce dans une autre espèce, à produire des transfigurations de valeur réellement générique et à modifier les êtres de manière à changer profondément leurs caractères et leurs aptitudes physiologiques. C'est pourtant une opinion qui a été soutenue et que bien des personnes croient soutenable; mais comme elle ne repose sur aucune preuve certaine, nous devions en montrer l'exagération.

L'hybridation, c'est-à-dire la production d'individus nés du croisement de deux espèces voisines, est une cause de plus à ajouter à la liste de celles qui contribuent à modifier les espèces animales et végétales. En effet, il s'en faut de beaucoup que tous les produits qui en résultent et que l'on appelle *hybrides* ou *métis* restent stériles à la manière des mulets issus de l'espèce du cheval croisée avec celle de l'âne. Il arrive, dans les animaux inférieurs, et plus fréquemment encore dans les plantes, que les hybrides sont capables de concourir à leur tour à la multiplication de l'espèce et qu'ils deviennent ainsi la souche de races mixtes intermédiaires à des espèces précédemment distinctes; mais le plus souvent ces races font elles-mêmes retour, après un temps plus ou moins long, à l'une des deux espèces dont la réunion fortuite les a procréées.

Un des hybrides les plus curieux que l'on ait encore obtenus par le croisement d'espèces appartenant aux classes supérieures du règne animal est celui du lion et du tigre.

Malgré ces écarts de la nature, la fixité des espèces, dans certaines limites du moins, n'en est pas moins un des dogmes de la science ; et, comme nous n'avons aucun moyen certain de nous faire encore une idée exacte de l'origine des espèces actuelles ou des rapports de filiations qu'on peut, dans certains cas, leur supposer avec celles qui les ont précédées sur le globe, il est à la fois prudent et conforme aux données de l'observation de s'en tenir à cette doctrine.

Nous compléterons donc notre définition de l'espèce en ajoutant qu'elle consiste en une « réunion d'individus des-« cendant les uns des autres, qui possèdent des caractères « communs qu'ils transmettent par voie de génération à « d'autres individus capables de conserver ces caractères « fondamentaux tout en étant susceptibles de certaines va-« riations purement secondaires. »

De l'espèce chez les corps bruts. — Une dernière question nous reste à traiter, pour en finir avec la définition de l'espèce : elle est relative aux corps bruts.

Existe-t-il des espèces dans le règne minéral comme il y en a dans les deux règnes animal et végétal ? Les minéralogistes se servent du même mot que les zoologistes ou les botanistes pour indiquer les différentes sortes d'agrégats moléculaires formant les corps dont ils s'occupent ; mais les minéraux n'ont pas d'organes, leur structure intérieure est purement moléculaire, les diverses parties qui les composent ne sont ni dans un état constant d'activité vitale ni accompagnées des phénomènes que comporte la multiplication et la destruction de cellules participant aux manifestations organiques ; enfin ils n'ont pas la possibilité de se multiplier par la production de nouveaux individus destinés à durer, comme ceux dont descendent les êtres vivants, pendant un temps déterminé. On voit par là que l'espèce dans les corps bruts n'est pas comparable à l'espèce envisagée chez les êtres vivants.

Ces différences posées, peu importe que l'on se serve du même terme dans les deux cas, puisque le mot espèce reprend ici la signification qu'il a dans le langage usuel (*species*, c'est-à-dire apparence). Il n'indique plus une filiation d'êtres semblables, provenant les uns des autres par voie de reproduction. Les corps de même composition chimique, qu'on appelle alors des espèces, sont purement et simplement des corps de même *sorte*; ils sont reconnaissables pour tels à la présence de certains caractères essentiellement physiques ou chimiques.

Nomenclature des espèces chez les êtres organisés.
— Nous montrerons en traitant de la classification que
la réunion, conformément aux principes de la méthode naturelle, de certaines espèces ayant des caractères communs,
mais non entièrement identiques, et des propriétés ou des
qualités qui les rapprochent, forme ce qu'on appelle les
genres. Ainsi les différentes espèces analogues au cheval, au
chien ou au chat, constituent les genres cheval (*Equus*), chien
(*Canis*) et chat (*Felis*) (fig. 12 à 14); de même, en botanique, le genre chêne (*Quercus*) réunit les espèces comparables au chêne ordinaire, mais susceptibles d'être distin-
guées de lui par quelques particularités transmissibles.

FIG. 12. — *Jaguar* (*Felis unça*).

Au genre *Equus* appartiennent le cheval, l'âne, l'hé-
mione, le zèbre, le daw, etc.; le genre *Canis* comprend le
loup, le chacal, l'isatis, le renard, le fennec, et d'autres
espèces peu différentes de celles-là; de même, on associe
sous la dénomination générique de *Felis*, le tigre, le lion,
le jaguar (fig. 12), le couguar (fig. 13), la panthère (fig. 14),
l'ocelot, le chat sauvage de nos forêts, le chat domestique,
et d'autres espèces ayant une même organisation ainsi
que des mœurs analogues.

Dans la nomenclature linnéenne, dite aussi nomenclature

binaire, chaque espèce reçoit deux noms : l'un générique, *Equus, Canis, Felis, Quercus*, etc., qui conserve sa valeur substantive ; l'autre spécifique ou qualificatif, qui devient l'adjectif. *Equus caballus* est le cheval ; *Equus asinus*, l'âne ; *Canis lupus*, le loup ; *Canis vulpes*, le renard ; *Felis tigris*, le tigre ; *Felis leo*, le lion ; *Felis unca*, le jaguar ; *Felis pardus*, la panthère ; *Felis puma*, le couguar. *Quercus robur* est le chêne blanc ou chêne ordinaire ; *Quercus ilex*, le chêne vert, etc.

FIG. 13. — *Couguar (Felis puma).*

La réunion des espèces qui se ressemblent le plus entre elles forme donc les genres, et l'association d'un certain nombre de ces genres, lorsqu'ils sont pourvus de caractères communs, supérieurs en valeur à ceux qui constituent le genre, et qu'ils possèdent des propriétés analogues, forment des tribus, des familles naturelles ou des ordres suivant l'importance de ces nouvelles associations et celle des caractères servant à les définir.

Il n'y a pas de règles bien précises, en zoologie du moins, pour la désignation de ces associations de genres que l'on nomme tribus, familles, etc. Cependant les noms des tribus reçoivent souvent une désinence en *ins* ou en *iens* et l'on termine les noms de familles en *idés*. Les mots *Canins*, *Félins*, etc., signifient la tribu des chiens ou la tribu des chats; *équidés*[1] indique la famille des chevaux.

Fig. 14. — *Panthère (Felis pardus)*.

Au-dessus des ordres sont les *classes*, et les classes groupées plusieurs entre elles forment à leur tour des *types* ou *embranchements*.

1. On connaît à l'état fossile des genres d'équidés différents de celui dont le cheval et l'âne sont les principales espèces. Le plus singulier est celui des hipparions, dont les pieds étaient tridactyles.

CHAPITRE III.

TISSUS ET ORGANES.

Les parties solides de l'organisme animal, comme par exemple les dents, les os, etc., qui sont durs et semblent être des substances homogènes ; celles dont la consistance est plus ou moins molle, comme les chairs, le cerveau, l'enveloppe cutanée, etc., résultent les unes et les autres de l'assemblage d'une multitude de corpuscules élémentaires ayant chacun une organisation spéciale, des propriétés particulières et une vitalité propre, dont l'association forme ce qu'on appelle les *tissus*.

Pour connaître ces éléments anatomiques des tissus, il faut avoir recours au microscope ; certains réactifs chimiques en facilitent aussi l'examen. Mais la nécessité d'une étude aussi minutieuse des matériaux solides de l'organisme n'a été bien comprise que par les anatomistes modernes.

Cependant peu de temps après l'invention du microscope, plusieurs observateurs se servaient déjà de cet instrument pour observer les particules élémentaires des organes. Malpighi, Leuwenhoeck, Grew et quelques autres dont les travaux remontent également à la seconde moitié du dix-septième siècle, arrivèrent ainsi à des résultats dignes d'être signalés. Ils virent les cellules des plantes, ainsi que leurs vaisseaux, les trachées des insectes, les globules du sang et d'autres parties élémentaires non moins curieuses, que les anciens n'avaient point connues.

Mais les tissus des animaux étant d'une observation plus difficile que ceux des végétaux, à cause des transformations profondes qu'ils subissent pour réaliser la complication plus grande de ces êtres, il fallut un temps considérable et des recherches multipliées pour s'en faire une idée aussi exacte que celle que l'on eut bientôt acquise au sujet de la structure microscopique des plantes.

DE LA CELLULE. — On disait il y a seulement un petit nombre d'années que chez les animaux le tissu cellulaire engendre tous les autres tissus, et, par tissu cellulaire, on entendait ce tissu facile à insuffler qui sépare les muscles ou les autres organes les uns des autres, c'est-à-dire le tissu actuellement nommé fibreux ou connectif. Bien que se servant encore des mêmes expressions, les naturalistes actuels ont réellement introduit dans la science un tout autre ordre d'idées, et sur un grand nombre de points les faits ont déjà donné raison à leur manière de voir.

Par éléments cellulaires, on entend maintenant non plus le tissu cellulaire des anatomistes de l'école de Bichat, mais de véritables cellules, c'est-à-dire des utricules distinctes les unes des autres et ayant chacune sa vie propre. Qu'on envisage les tissus dans un règne ou dans l'autre, on constate que ce ne sont pas des trames à la manière de celles des étoffes fabriquées par l'industrie avec les fibres tirées des végétaux ou des animaux ; ce sont quelquefois des feutrages, d'autres fois des masses compactes résultant de cellules simplement rapprochées et plus ou moins complétement confondues entre elles, ou au contraire des fibres fasciculées. Plus souvent encore ce sont de simples amas d'utricules sphériques ou polyédriques facilement séparables les unes des autres et qui ne forment un tout que parce qu'elles se sont rapprochées, comme cela se voit dans les parenchymes végétaux. Il peut arriver aussi que ces utricules se soudent par leur parois ou même se réunissent en une masse compacte par la solidification de la substance qui leur est interposée.

Quoi qu'il en soit, il est toujours possible, en les prenant au début de leur apparition, de reconnaître que les tissus des animaux résultent, comme on l'avait déjà vu pour ceux des végétaux, de cellules véritables, c'est-à-dire de très-petites utricules composées d'une membrane enveloppe, dans laquelle est renfermée une substance particulière susceptible de phénomènes osmotiques s'exerçant à travers les parois qui la contiennent (fig. 4 et 7). Chaque cellule exécute, au moins pendant un certain temps, des phénomènes d'absorption et d'exhalation (endosmose et exosmose), et l'on sait que ces phénomènes sont la condition de toute activité vitale.

Lorsque les cellules restent distinctes les unes des autres pendant toute leur existence, elles sont séparées par un liquide abondant qui les tient même en suspension et dans lequel elles peuvent alors nager librement (globules du sang (fig. 8), de la lymphe, etc.); ou bien elles sont simplement serrées les unes contre les autres (corde dorsale des embryons, graisse, corne, etc.). Notre figure 5 B montre de semblables cellules tirées d'un parenchyme végétal. Si la pression agit sur elles, leur forme devient polyédrique comme dans plusieurs organes des animaux et dans certains parenchymes végétaux (fig. c) ou bien elles s'aplatissent et prennent une disposition tabulaire et polygonale, ce qui a lieu pour l'épiderme et différents épithéliums (fig. 15 A).

Il peut arriver encore que, la substance dans laquelle les cellules sont plongées venant à se solidifier au lieu de conserver sa consistance liquide, elles se confondent avec cette substance ou même les unes avec les autres, dans une gangue commune, ce qui a lieu par exemple pour les os; enfin, il y en a d'allongées et d'étoilées qui se mettent en communication entre elles par leurs extrémités prolongées ou par leurs appendices en rayons, ce qui permet, lorsquelles restent creuses, la circulation des liquides contenus dans les vaisseaux linéaires ou anastomotiques résultant de leur association.

Reproduction des cellules. — Les différentes sortes de cellules ne sont pas susceptibles de se transformer les unes dans les autres, mais elles ont, comme les espèces vivantes dont elles sont les principaux éléments constitutifs, des phases diverses ou des âges, et, comme on l'a vu précédemment, elles commencent souvent par être plus simples et plus évidemment cellulaires qu'elles ne le seront après avoir accompli leur évolution.

Semblables aux cellules végétales, qui jouissent aussi de la faculté de se multiplier de manière à suffire à l'accroissement en volume de ces êtres organisés, les cellules animales renferment dans leur intérieur une petite masse distincte appelée *noyau* (*nucleus*) ou *cytoblaste*, et toute cellule pourvue de son noyau est capable d'en fournir à son tour de nouvelles (fig. 4, 6 et 7). Celles-ci se développent le plus souvent dans l'intérieur de la cellule mère et elles ne deviennent libres que par la rupture de sa membrane enveloppe. Alors elles remplacent les cellules qui leur avaient donné naissance, augmentent d'autant le nombre des cellules existantes et, par suite, la masse de l'organisme dont elles font partie s'accroît à son tour.

Sauf quelques cas, toute cellule privée de son nucléus, a perdu, par cela même, la faculté de produire des cellules nouvelles. L'épiderme superficiel est soumis à cette loi; il se détache et tombe pour être remplacé par la couche qui s'était formée au-dessous de lui au moyen des cellules encore actives, mais qui deviendront à leur tour des cellules stériles en perdant leur noyau.

Les cellules se multiplient aussi par division ou segmentation. C'est une sorte de scissiparité de ces éléments de l'organisme (fig. 6 et 7).

Dans certains organes, la nature du tissu change avec l'âge, comme si le tissu qui compose les organes se transformait en un tissu d'une autre nature; ainsi le squelette d'abord cartilagineux devient osseux dans la plupart des animaux vertébrés. On se tromperait en croyant que ce sont les cellules cartilagineuses qui se transforment en cellules osseuses. Elles meurent, sont résorbées et disparaissent pour faire place à des cellules d'une autre sorte, de forme étoilée, dites ostéoplastes, qui sont les cellules os-

seuses. Il y a, dans ce cas et dans d'autres analogues, substitution d'un tissu à un autre, mais non transformation
de tissus comme on l'avait d'abord admis.

Les expériences de transplantation sur un animal, d'un
tissu pris sur un animal différent, que l'on a faites dans
ces derniers temps, sont une preuve nouvelle de la spécia-
lité des tissus et de leur vitalité propre. Elles ont particuliè-
ment réussi dans les essais entrepris à l'aide du tissu osseux.

**Énumération caractéristique des principaux tissus
élémentaires propres aux animaux.** — Il était naturel,
après avoir réuni au sujet des tissus les notions que possède aujourd'hui la science et que les détails précédents
ne font connaître qu'en partie, d'établir une classification
des différents tissus comme on a établi la classification
des espèces propres à l'un et à l'autre règne. On a été
conduit à reconnaître différents genres de tissus renfermant chacun un certain nombre d'espèces ou de variétés
histologiques. Ceux que l'on observe le plus souvent dans
les organes de l'homme et des animaux supérieurs, sont
les tissus *épidermoïdes* (fig. 15)[1], *nerveux* (fig. 16),

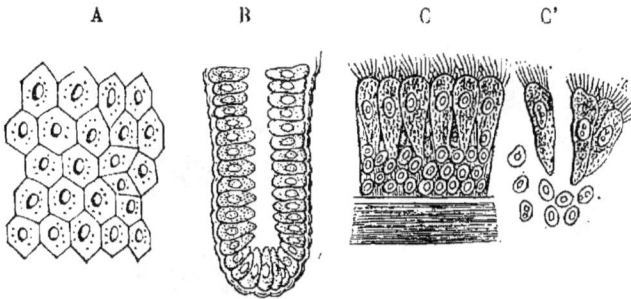

FIG. 15. — *Tissus épidermoïdes* ; — *a*) cellules de l'épiderme cutané, observées avant la naissance ; elles sont encore pourvues de leur nucléus ou noyau ;
— *b*) épithélium des villosités intestinales du lapin ; — *c*) épithélium vibratile
de la muqueuse des bronches ; les cils sont placés sur la partie libre et superficielle ; — *c'*) cellules ciliées et non ciliées tirées du même épithélium.

1. Exemples : l'épiderme ou surpeau, l'épithélium ou épiderme des
muqueuses, l'épithélium vibratile des organes respiratoires, etc.

squelettiques (fig. 17), *musculaires* (fig. 18), *fibreux* (fig. 19), etc.

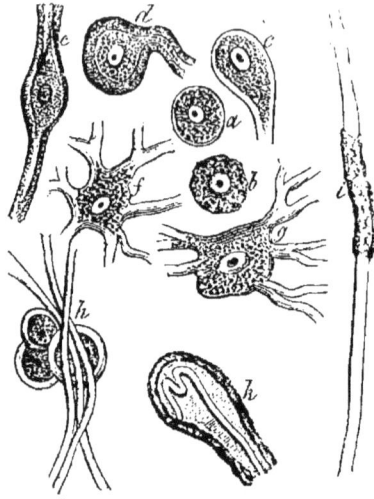

FIG. 16. — *Tissu nerveux* ; = *a* et *b*) cellules sphériques ; — *c* et *d*) cellules unipolaires ; — *e*) cellules bipolaires ; — *f* et *g*) cellules multipolaires ; — *h*) cellules sphériques des ganglions et des fibres nerveuses ; — *i*) fibre nerveuse conductrice et son enveloppe.

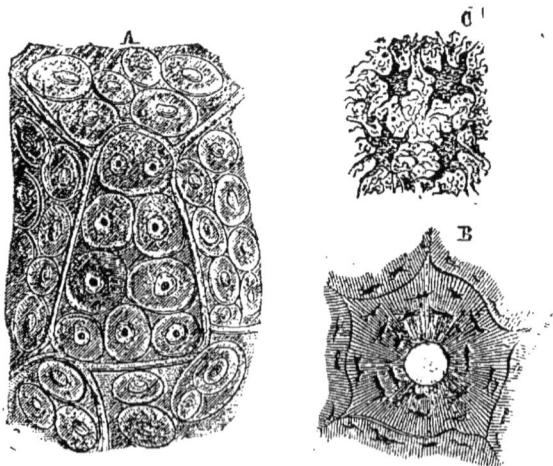

FIG. 17. — *Tissu squelettique* ; = *a*) cellules de cartilage, ayant encore leur noyau ; — *b*) coupe d'un des canalicules d'un os, dits canalicules de Havers ; pour montrer la disposition des cellules étoilées qui forment le tissu osseux ; — *c*) quelques cellules étoilées de la substance osseuse ; vues à un plus fort grossissement.

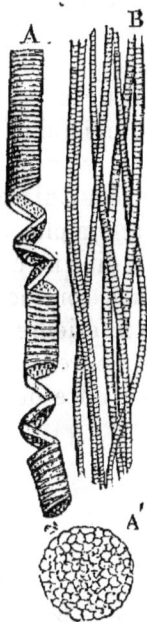

FIG. 18. — *Tissu musculaire;*
= *a*) fibrile musculaire de la vie
de relation dépouillée de son enveloppe ou sarcolemme; pour faire
voir les stries qui paraissent en
séparer les cellules élémentaires;
— *a'*) l'une de ces cellules en
forme de disque.

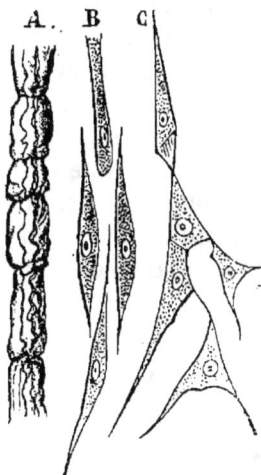

FIG. 19. — *Tissu fibreux,* ou
connectif ; = *a*) fibres constituan-
tes de l'arachnoïde ou membrane
moyenne du cerveau ; — *b*) cellules allongées, pourvues de leur
nucléus ; tirées du derme de l'a-
gneau, avant la naissance ; — *c*)
autres cellules à noyau ; tirées de
l'allantoïde de l'agneau.

Du sarcode. — Dujardin, savant micrographe français
que la science a perdu il y a quelques années, est du nombre des savants qui n'ont pas accepté dans son entier la
théorie cellulaire telle que l'ont admise M. Schwann et toute
l'école allemande. Ses objections sont tirées de ce que le
corps de certains animaux inférieurs, principalement celui
de beaucoup de protozoaires, renferme souvent un élément
anhiste, c'est-à-dire non comparable aux tissus proprement
dits et dépourvu de toute apparence utriculaire. Dans cer-

tains cas, cet élément, que Dujardin appelait *sarcode*, for-
merait même, à l'exclusion de tout autre, la partie vivante
de ces animaux. Leur corps, suivant lui, n'a pas de membrane limitante ; il s'étire et s'épanche, pour ainsi dire,
dans tous les sens comme une glaire douée d'irritabilité. Les
foraminifères et les amibes sont des exemples remarquables
de cette conformation. Toutefois on a objecté à Dujardin la
possibilité de ramener ces organismes, si simples qu'ils
paraissaient, à la forme cellulaire, et l'on a dit que ce n'é-
taient que des cellules douées d'une extrême contractilité.
On sait d'ailleurs que beaucoup d'espèces inférieures, soit
animales soit végétales, ont une organisation purement cellulaire et qu'on ne constate en elles aucune trace de vaisseaux ni d'organes distincts (fig. 20.)

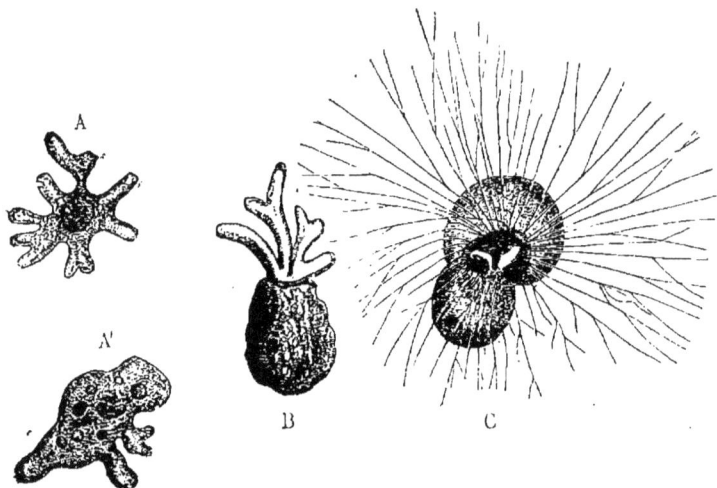

FIG. 20. — *Animaux sarcodiques ; = aa'*) deux des formes de l'*amibe*, genre
de protozoaires dont les contours changent incessamment ; — *b) difflugie*,
genre de foraminifères fluviatiles ; — *c) miliole*, genre de foraminifères marins,
pour montrer ses expansions sarcodiques.

Des membranes animales. — Ainsi que nous l'avons
déjà dit, les tissus acquièrent chez les animaux supérieurs
une grande complication, et leur diversité est surtout remar-

quable si on l'étudie en tenant compte de la complication
des fonctions à l'exercice desquelles chacun d'eux est appelé à concourir; mais ce n'est pas là seulement ce qui les
distingue. Ils s'associent entre eux pour former les organes,
et leur disposition la plus fréquente est celle de lames constituant la surface des principaux organes et souvent les organes eux-mêmes; c'est de cette disposition des tissus que
résulte ce qu'on a nommé les *membranes*.

Certaines membranes limitent le corps des animaux et
sont extérieures, comme nous le voyons pour la peau
(fig. 21); d'autres sont intérieures, comme les membranes

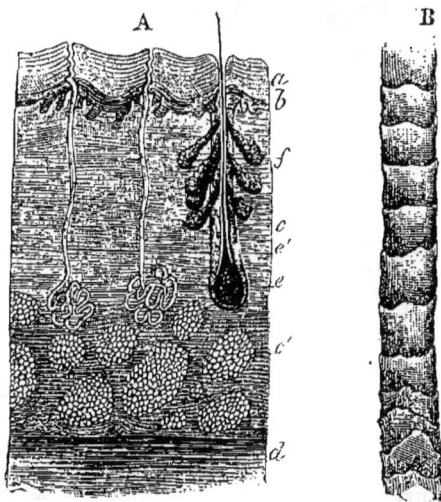

FIG. 21. — A *Peau humaine* ; = *a* épiderme superficiel ou corné ; — *b*) partie profonde de l'épiderme ; — *c*) derme ; — *c'*) vacuoles de la partie profonde
du derme ; — *d*) couche musculaire ou peaucier ; — *ee'*) deux glandes sécre-
trices de la sueur, ou glandes sudoripares ; — *f*) follicules pileux et glandes
sébacées.
B Poil de mouton; vu au microscope.

digestive, respiratoire, etc., qui sont appelées des muqueuses (fig. 22); ou bien encore elles sont placées autour
des gros viscères et plus profondément encore, comme c'est
le cas pour les séreuses, telles que le plèvre et le péritoine.

Les éléments histologiques y sont associés les uns aux

autres dans des proportions qui varient suivant la nature cutanée, muqueuse ou séreuse de la membrane observée.

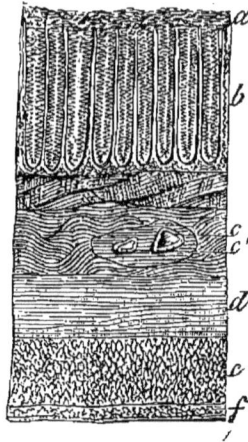

FIG. 22. — Coupe de la *membrane muqueuse* de l'estomac (cochon) = *a*) épithélium superficiel ; — *b*) glandes en tubes revêtues de leur épithélium ; — *c*) chorion muqueux ; — *c'*) vaisseaux sanguins parcourant son tissu ; — *d* et *e*) couche des fibres musculaires transversales ; — *f*) tunique séreuse fournie par le péritoine.

Ainsi la peau, tout en ayant, comme la muqueuse digestive des cellules épidermoïdes, des cellules fibreuses, des cellules musculaires, etc., ne les a ni dans la même proportion, ni de nature précisément identique : ce qui concourt à lui donner ses caractères particuliers ainsi que des propriétés dont ne jouissent pas les membranes séreuses, telles que la plèvre qui entoure les poumons ou le péritoine qui enveloppe les intestins.

Chaque membrane présente donc plusieurs couches ou tuniques de nature histologique différente. Leur couche superficielle, à la peau comme aux muqueuses ou aux séreuses, est de nature épidermoïde ; c'est pour ainsi dire une couche isolante et elle n'est pas sensible.

Au-dessous de cette couche épidermoïde se voit la couche de tissu connectif (chorion ou cuir à la peau, chorion muqueux

aux muqueuses), au-dessous encore une couche musculaire chargée d'accomplir les mouvements de la membrane,
lorsqu'elle doit en exécuter.

La couche musculaire de la peau reçoit le nom de peaucier. Chez l'homme, elle est plus développée à la région oc-
cipito-frontale qu'ailleurs ; dans le cheval elle est surtout
évidente à la peau du ventre, et elle en permet les tressaille-
ments. La couche musculaire du tube digestif n'est pas moins
facile à reconnaître ; ce sont ses contractions qui détermi-
nent les mouvements constamment exécutés par l'estomac
et par les intestins, et que l'on nomme mouvements vermicu-
laires ou mouvements péristaltiques et antipéristaltiques.

La médecine attache à l'étude anatomique des membranes une très-grande importance, à cause de la sympathie
qui existe entre ces surfaces quelle que soit leur position ou
leur rôle respectif.

On sait en effet que, suivant les conditions atmosphé-
riques, telles membranes sont plus facilement affectées que
telles autres, et que les maladies auxquelles elles sont ex-
posées sont souvent en rapport avec les saisons. Qui ignore
que l'inflammation des membranes respiratoires est plus
fréquente en hiver ou par le froid humide ; qu'en été, au
contraire, on est plus exposé aux maladies des membranes
digestives ou des membranes du cerveau ? Qui ne sait aussi
que dans certains cas l'un des procédés curatifs auxquels
les médecins ont recours, consiste à dégager une membrane
engorgée, si cette membrane enveloppe un organe délicat
(le cerveau ou les poumons, par exemple) en exagérant mo-
mentanément la fonction d'une autre membrane et en ap-
pelant la fluxion humorale sur cette dernière ? Cela explique
pourquoi l'on purge souvent pour guérir d'une irritation de
poitrine ou d'un simple rhume, afin de déplacer le flux san-
guin qui a lieu sur les poumons en le portant sur les intestins.

Principaux organes des animaux. — Les fonctions
que les membranes remplissent dans l'économie animale
sont très-variées, et les différents organes qu'elles forment, comme l'estomac, les intestins, les bronches, les mé-

ninges ou membranes du cerveau, etc., présentent une complication d'autant plus grande dans leur conformation qu'on a affaire à des animaux plus rapprochés de l'homme.

Mais ce ne sont pas là, il s'en faut de beaucoup, les seuls organes de l'économie. A la surface des membranes se développent des parties anatomiques de plusieurs sortes.

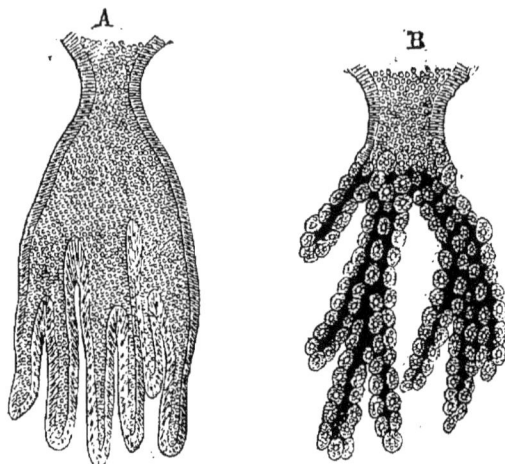

FIG. 23. — *Glandules* de l'estomac humain ; = *a*) glande muqueuse de la partie pylorique ; — *b*) glande sécrétrice du suc gastrique.

Les unes sont affectées aux sécrétions, c'est-à-dire au dégagement de certains principes, tantôt odorants, tantôt digestifs ou autres, qu'elles retirent du sang. Ces organes sécréteurs sont souvent des espèces de petits sacs; d'autres fois des amas de ces sacs sous la forme de grappes, et versant leurs produits au dehors par un canal commun. Ils constituent un ordre distinct de parties anatomiques auxquelles on a donné le nom commun de *cryptes* (fig. 23) et sont généralement connues sous les dénominations de glandes, glandules, follicules muqueux, follicules sébacés, etc. Il y en a à la surface du corps, aussi bien qu'aux muqueuses digestives, respiratoires, etc. Les sécrétions ont un rôle actif dans les phénomènes dont l'organisme est le siége, et c'est par ces différentes parties qu'elles s'exécutent.

C'est aussi à la surface des membranes que se développent d'autres organes, les uns protecteurs du corps lui-même ou de certaines de ses parties, les autres, au contraire, sensoriaux; de Blainville les a désignés sous le nom commun de *phanères*, signifiant apparents, parce que leur produit, au lieu de s'écouler au dehors et de disparaître rapidement comme le font les fluides sécrétés par les cryptes, acquiert de la consistance, se compose de cellules qui se groupent ensemble sous des formes déterminées ou en vue de fonctions spéciales, et devient lui-même partie intégrante de l'organisme à la vitalité duquel il participe.

La série de ces organes, qu'on appelle aussi du nom commun de *bulbes*, est plus variée encore que celle des cryptes ou organes sécréteurs; elle comprend le bulbe oculaire ou globe de l'œil, le bulbe auditif ou oreille interne, les dents, les plumes, les poils et différents autres organes, tels que les écailles des poissons, la coquille des mollusques, etc.

Comme on le voit, nous arrivons ainsi à la notion d'organes bien différents les uns des autres, et qui, en général, ne sont pourtant que des dépendances des grandes membranes dont nous avons parlé en commençant cette énumération ou des parties surajoutées à ces membranes. Parmi les organes de cette nouvelle catégorie, les uns sont les cryptes ou organes de sécrétion, et les autres, les phanères ou organes de sensation, de défense et de protection tégumentaire; c'est ce qui ressort des détails précédents.

Les *os*, dont l'ensemble constitue le squelette, sont encore un autre genre d'organes. Il faut y ajouter les *muscles* constituant par leur ensemble le système musculaire; c'est par les muscles que les os sont mis en mouvement.

Les *vaisseaux* artériels et veineux, et autres organes de nature vasculaire qui portent dans tous les points de l'économie les matériaux nécessaires à l'accroissement et à l'entretien des parties ou concourent à les y envoyer, comme le fait le cœur, forment une catégorie encore différente.

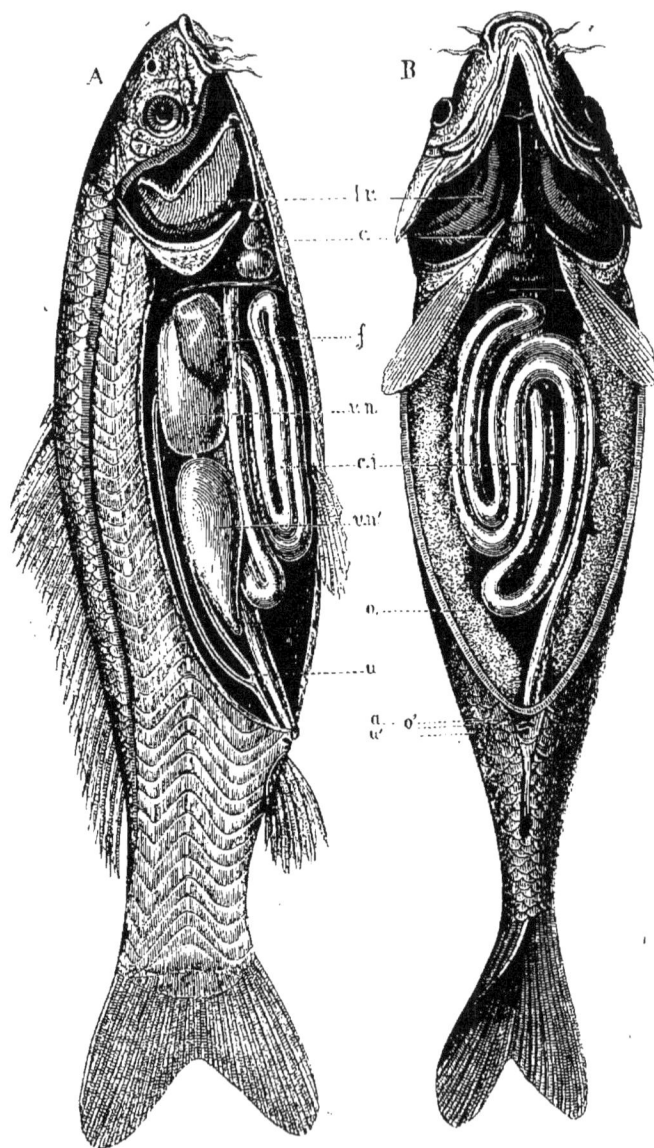

FIG. 24. — *Principaux organes* de la carpe.

A = l'animal vu de côté. On a enlevé la plus grande partie de la peau pour montrer les viscères de la nutrition et mettre à nu la presque totalité des muscles de la région thoraco-abdominale, ainsi que ceux de la queue.

B = l'animal est vu en dessous et ouvert.

br) branchies ; —*c*) cœur ; — *f*) foie ; — *v n* et *v n'*) vessie na'atoire ; — *c i*) canal intestinal ; — *o*) ovaire droit ; — *u*) point de réunion des uretères droit et gauche dont on voit le prolongement allant aux deux reins ; la substance de ces derniers a été enlevée ; — *a*) orifice anal auquel aboutit l'intestin rectum ; — *o'*) l'orifice génital en communication avec les ovaires ; — *u'*) l'orifice urinaire ou terminaison de l'uretère.

Enfin les organes d'ordre *nerveux*, ou le cerveau, la moelle épinière, les nerfs spéciaux, sensibles et moteurs, le grand sympathique ou système nerveux de la vie organique ainsi que les ganglions nerveux de diverses sortes complètent cet ensemble de parties qui sont les instruments de la vie et acquièrent chez les animaux supérieurs une telle complication qu'on éprouve la plus grande difficulté à se faire une idée exacte de leur nature propre aussi bien que des relations qu'ils ont entre eux et des associations qu'ils constituent.

C'est de l'agencement harmonique de ces parties, toutes élémentairement composées de cellules, et de leur action commune, mais subordonnée à l'importance de leur rôle respectif (fig. 24), que résulte l'entretien de l'activité vitale, et cette activité est plus ou moins grande suivant la complication de l'édifice anatomique qu'elles forment par leur réunion ou le rôle tantôt simple, tantôt, au contraire, compliqué qu'elles sont appelées à y remplir.

PARENCHYMES DES ANIMAUX. — Les organes sont formés, comme les membranes, par la combinaison des différents tissus, et souvent il est aisé d'y reconnaître des assemblages de parties également hétérogènes, qui peuvent être, à leur tour, des membranes encore différentes les unes des autres et disposées de façons très-diverses. Cette structure complexe caractérise particulièrement les *parenchymes*.

Le poumon, le foie, etc. (fig. 25), dans lesquels la dissection démontre aisément des canaux de plusieurs sortes, des vaisseaux sanguins et lymphatiques, des nerfs, une enveloppe générale de nature fibreuse et d'autres parties pénétrant plus ou moins dans l'intérieur de ces organes et

concourant à leur fonction spéciale, sont autant d'exemples
de parenchymes. La consistance des parenchymes, leur apparence extérieure, la multiplicité de leurs éléments constitutifs, varient suivant les différents organes que forment
ces combinaisons anatomiques et, dans certains cas, leurs
caractères peuvent même changer avec l'âge.

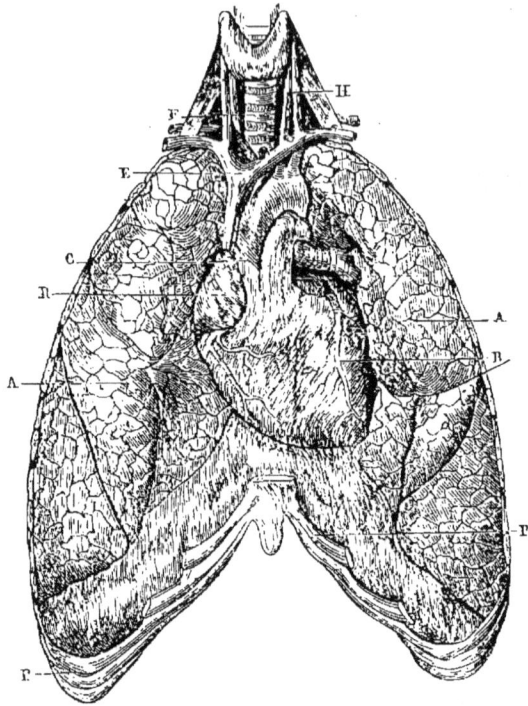

FIG. 25.— Poumon et partie du système vasculaire thoracique de l'homme;
— aa) poumons; — b) cœur; ses ventricules; — r) oreillette droite; c) — crosse
de l'artère aorte; — e) veine cave supérieure; — f) trachée artère; — gg)
bronches; — pp) la partie inférieure du sternum et les cartilages des dernières
côtes, coupés pour faire voir le diaphragme.

Une dissection délicate, pour laquelle l'emploi du microscope et celui des réactifs chimiques est souvent nécessaire, permet cependant de retrouver les éléments anatomi-

ques entrant dans la constitution de chacun d'eux et d'en reconnaître la véritable nature. Chaque parenchyme se résout alors en un certain nombre de membranes, et celles-ci en tissus élémentaires semblables à ceux dont il a été question précédemment. Les injections vasculaires rendent de grands services dans l'étude anatomique des organes.

FIG. 26. — Champanzé.

C'est de la combinaison des organes entre eux et de leur appropriation au rôle que les différents genres d'animaux doivent remplir que résulte l'organisme de ces derniers. D'abord simple dans sa structure et approprié à des fonctions pour ainsi dire élémentaires, on le voit se compliquer au fur et à mesure que l'on remonte la série des animaux, et que l'on s'éloigne des protozoaires ou des zoophytes pour se rapprocher de l'homme, en passant par les zoophytes, les mollusques, les articulés et les vertébrés à la tête desquels se placent les singes (fig. 26). Notre espèce est de toutes celle où il acquiert la complication la plus grande, et c'est aussi chez elle qu'il est le plus difficile de s'en faire une idée exacte, soit qu'on l'envisage dans sa composition anatomique, soit que l'on veuille comprendre le jeu physiologique des organes.

TISSUS DES PLANTES. — Les tissus des plantes sont également formés par des éléments anatomiques de nature cellulaire (fig. 4); c'est là un fait dont la démonstration est, même dans la généralité des cas, plus facile à obtenir que pour la plupart des tissus animaux, et la théorie que nous avons rappelée à propos de ces derniers, tire en grande partie son origine de l'examen attentif qu'on a d'abord fait des organes élémentaires des plantes. M. Schwann a l'un des premiers étendu au règne animal cette théorie dont Schleiden et d'autres avaient montré la justesse en ce qui concerne les plantes.

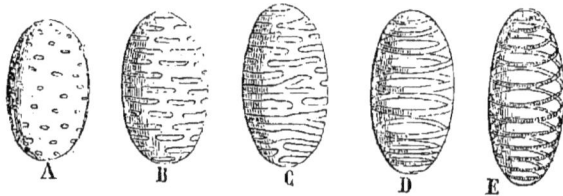

FIG. 27. — *Cellules végétales.*

a) cellule ponctuée; tirée de la moelle de sureau; = *b)* cellule rayée; du même; -- *c)* cellule réticulée; du gui; — *e)* cellule spiralée; d'une orchidée.

Les tissus composant les différentes parties de ces dernières sont d'ailleurs moins compliqués que la plupart de ceux des animaux; ils sont aussi moins nombreux, puisqu'on ne distingue parmi eux ni tissu osseux, ni tissu musculaire, ni tissu nerveux, etc. Ils se rapportent à trois types seulement, les cellules, les fibres et les vaisseaux; encore est-il aisé de suivre, dans la plupart des cas, la transformation des cellules en fibres ou en vaisseaux.

C'est ce qu'on trouvera établi avec plus de détails dans le volume de cette collection qui est consacré à l'anatomie des plantes.

Bornons-nous donc à rappeler ici qu'il y a différentes sortes de cellules végétales : unies, ponctuées, rayées, annulaires et spiralées (fig. 27); que l'on distingue aussi des fibres végétales ayant les mêmes apparences et qu'il en est également ainsi pour les vaisseaux qui sont en effet ponctués, rayés, réticulés, annulaires ou spiraux. Certaines cellules sont intermédiaires par leur forme entre les cellules proprement dites et les fibres ou les vaisseaux (fig. 28).

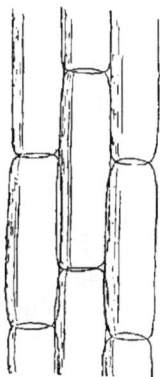

FIG. 28. — Cellules allongées, passant à la forme de vaisseaux.

Les vaisseaux spiraux des plantes sont leurs véritables trachées ou trachées déroulables. Il y a d'ailleurs encore une autre forme de vaisseaux particuliers aux plantes ; ce sont les vaisseaux du latex ou vaisseaux du suc propre : mais dans aucun cas ces vaisseaux, non plus que les précédents, n'ont la structure compliquée des artères ou des veines telles que nous les voyons chez les animaux ; structure qui en fait chez ces derniers des organes de même ordre que les membranes dont nous avons parlé plus haut ; ils sont plutôt comparables à leurs vaisseaux capillaires.

Les organes des végétaux sont également bien loin d'être

aussi multipliés dans leur nature et aussi compliqués dans leur composition anatomique que le sont ceux des animaux.

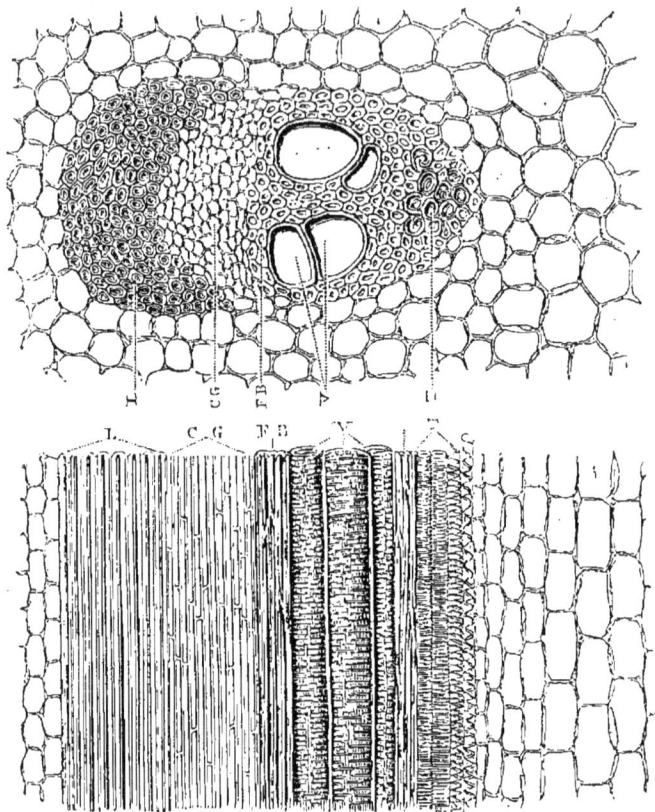

FIG. 29. — Coupes transversale et verticale d'une portion de la *tige* d'un palmier (genre *Chamædora*) ; pour en montrer la structure.
t) trachées ou vaisseaux spiraux ; — *v*) vaisseaux rayés ; — *f, b*) fibres ligneuses ; — *c, g*) couche génératrice ; — *l*) liber.

Ce sont, indépendamment de quelques parties, les unes de structure à peu près élémentaire, les autres d'une importance accessoire [1] et que l'on pourrait d'ailleurs regarder encore comme de simples éléments anatomiques, la tige (fig. 29), la racine (fig. 30 et 31), les feuilles (fig. 32) ainsi que leurs différentes variétés, les fleurs et leurs quatre verticilles principaux, les ovules dont les embryons se

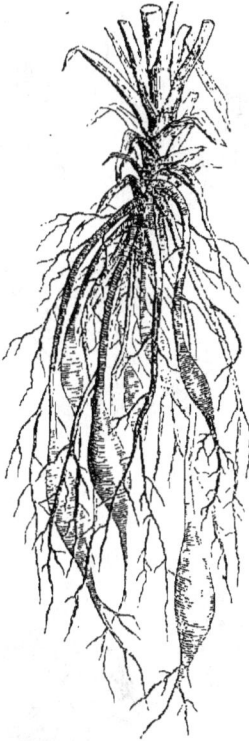

Fig. 30. — *Racine* de la filipendule.

transforment en plantules lorsqu'ils commencent à se développer, enfin un petit nombre d'autres parties comprises

---

1. Épidermes (fig. 33), stomates (fig. 33), poils, aiguillons, glandes, etc.

avec les précédentes sous le nom d'organes fondamentaux.

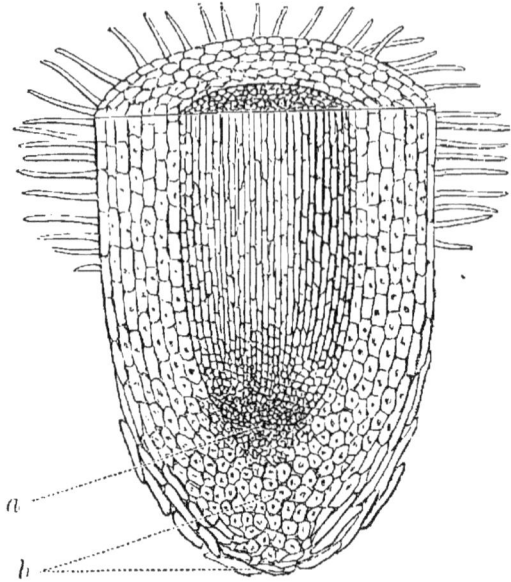

FIG. 31.— Extrémité d'une racine, vue au microscope, pour faire voir les cellules absorbantes (*a*) qui avoisinent sa partie terminale. *b*) représente les cellules de cette partie terminale en voie d'accroissement.

FIG. 32. — Feuille de la *mauve*.

Elles constituent les principaux instruments de la vie chez les végétaux phanérogames.

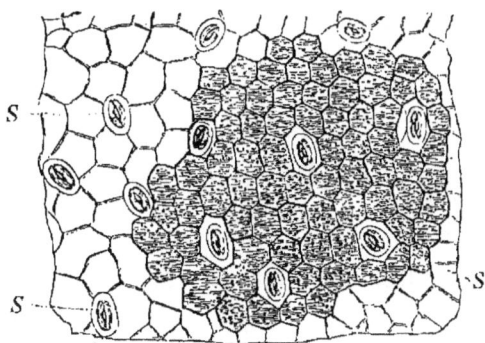

FIG. 33. — *Épiderme végétal* et *stomates*. — Épiderme de la face supérieure d'une feuille de Nénufar jaune ; — *sss*) les stomates.

Mais ce n'est pas ici qu'il doit en être parlé, et les indications qui précèdent n'ont d'autre but que de montrer combien les végétaux, même ceux des classes supérieures, sont à cet égard inférieurs à la plupart des animaux.

CHAPITRE IV.

CARACTÈRES DISTINCTIFS DES ANIMAUX.
DÉFINITION DE LA ZOOLOGIE; SES DIFFÉRENTES BRANCHES.

La plupart des animaux sont faciles à distinguer des végétaux. — Les animaux, êtres organisés et par conséquent doués de la vie, comme le sont aussi les végétaux, possèdent en commun avec ces derniers plusieurs facultés importantes; les mêmes qui permettent de distinguer des corps bruts les corps vivants et doués d'organisation. Mais il n'en est pas moins facile d'établir entre la plupart d'entre eux et les végétaux une distinction tranchée et que l'on puisse saisir.

Le rôle que les animaux sont destinés à accomplir dans l'économie générale de la nature est, habituellement, du moins, bien supérieur à celui qu'exercent les plantes; à certains égards il est même totalement différent. Aussi peut-on indiquer entre les deux règnes animal et végétal, envisagés l'un et l'autre dans leurs espèces les plus parfaites, des différences de plusieurs sortes.

Caractères tirés des fonctions de relation. — Doués, comme les végétaux, des fonctions nutritives, dont l'absorption et l'exhalation forment les conditions essentielles et fondamentales, et jouissant comme eux de la propriété de propager leur espèce par la procréation de nouveaux individus pourvus de caractères semblables à ceux qu'ils possèdent eux-mêmes, la plupart des animaux sont, en outre, capables de percevoir, à des degrés qui diffèrent, il est vrai, suivant la complication de leur structure, leurs relations avec le monde extérieur et ils peuvent modifier ces relations lorsqu'ils en reconnaissent la nécessité. De là la présence chez eux d'une série de fonctions tout à fait inconnues dans le règne végétal, les fonctions de relation, et celle d'organes spécialement affectés à l'exercice de ces nouvelles fonctions. Il en résulte pour les animaux des propriétés d'un ordre particulier, et des organes également particuliers se trouvent ajoutés à leur organisme, ce qui rend leur structure anatomique plus compliquée que celle des végétaux et concourt à en faire des êtres plus parfaits que ces derniers.

C'est par la *sensibilité*[1], dont le système nerveux est l'agent, que les animaux ont connaissance des conditions physiques au milieu desquelles ils se trouvent placés. Elle leur permet aussi de percevoir certains phénomènes qui se passent en eux, tels que la faim, la soif, la douleur, etc., ces sensations ayant pour objet de leur faire connaître les besoins de leur organisme.

La *locomotilité* ou propriété de se mouvoir, qui s'exerce principalement par le système musculaire, leur donne à son tour le moyen de se soustraire aux conditions qui pourraient leur être nuisibles ou de se rapprocher, au contraire, de celles qui leur paraissent agréables et avantageuses.

Comme on le voit, cette double faculté de sentir et de se mouvoir place les animaux beaucoup au-dessus des végétaux ; et les organes particuliers qui en sont les instruments fournissent d'excellents caractères pour différencier le règne

---

1. Autrefois, on ne réunissait pas encore les animaux et les végétaux en un seul groupe primordial sous la dénomination d'empire organique et l'on se bornait à dire que les corps naturels constituent trois règnes distincts. Linnée caractérisait ainsi ces trois règnes : *Mineralia crescunt :* les minéraux s'accroissent. — *Vegetalia crescunt et vivunt:* les végétaux s'accroissent et vivent. — *Animalia crescunt, vivunt et sentiunt:* les animaux s'accroissent, vivent et sentent.

animal d'avec le règne végétal, si l'on se borne à envisager les principales espèces de ces deux règnes.

Les animaux sont, en général, des êtres doués de sensibilité et pouvant se mouvoir volontairement, ce qui n'a pas lieu pour les végétaux ; à cet effet, les premiers sont munis de système nerveux et de système musculaire, tandis que les seconds en manquent. La complication des organes nerveux et musculaires des animaux est d'ailleurs en rapport dans chaque espèce de ce règne avec la supériorité du rôle que cette espèce est appelée à remplir au sein de la création, et les animaux des premiers groupes ont une intelligence bien supérieure à celle des animaux des classes inférieures. Sous ce rapport comme sous celui de leur composition anatomique les premiers se rapprochent bien davantage de l'homme.

Particularités diverses. — Cependant il ne faudrait pas croire que la sensibilité ou la locomotilité, étudiées en elles-mêmes et dans leurs organes, soient toujours des moyens certains de reconnaître si l'être organisé que l'on examine est réellement un animal.

Diverses espèces de plantes phanérogames sont, en apparence du moins, douées d'une sorte de sensibilité; d'autres exécutent des mouvements très-apparents. Les germes d'un grand nombre de végétaux aquatiques, appartenant aux groupes inférieurs, ne sont pas moins actifs dans leurs mouvements de translation que les infusoires animaux, avec lesquels ils ont été souvent confondus[1]. Mais pas plus que les végétaux phanérogames auxquels nous avons tout à l'heure fait allusion, ils ne sont pourvus de nerfs ou de muscles, et si diverses plantes peuvent faire mouvoir certaines de leurs parties ou même changer de place et se porter avec rapidité d'un lieu dans un autre, elles le font par des procédés différents de ceux qu'emploient les animaux.

---

1. Tels sont particulièrement les zoospores et les spores ciliées de certaines algues. (*Botanique*, troisième et quatrième années, fig. 241 et 245.)

Citons néanmoins quelques exemples. Les acacias et d'autres plantes de la même famille ou de familles plus ou moins analogues ferment leurs feuilles le soir pour ne les rouvrir que lorsque le jour paraît ; d'autres font exécuter à leurs fleurs des mouvements en rapport avec la marche du soleil, ou bien encore elles les replient pendant la journée pour ne les épanouir que la nuit, ou inversement, et cela à des heures quelquefois déterminées ; enfin, la sensitive jouit de la singulière propriété de fermer ses feuilles et de les abaisser au moindre attouchement. L'attrape-mouche (*Dionæa muscipula*) n'est pas moins célèbre.

Mais ce ne sont pas là des preuves réelles de sensibilité, et il n'y a rien de volontaire dans les mouvements exécutés par les végétaux. On est d'accord pour n'y voir autre chose qu'une exagération de l'irritabilité propre à tous les êtres vivants et point du tout un fait d'innervation comparable dans sa nature à ce qui se passe chez les animaux. La cause et le mécanisme en sont d'ailleurs ignorés, et tout ce que l'on sait jusqu'à ce jour c'est que la remarquable propriété dont jouissent ces végétaux n'a rien de commun avec l'action nerveuse ou musculaire des animaux.

D'autre part, il s'en faut de beaucoup que la sensibilité et la locomotion musculaire soient également développées dans toutes les familles du règne animal. Certaines espèces appartenant aux degrés inférieurs de l'échelle zoologique et chez lesquelles la structure anatomique est beaucoup plus simple que chez les autres, paraissent ne point avoir de système nerveux, ou du moins on n'a pas encore pu démontrer la présence de ce système parmi leurs tissus. Dans certains cas, leurs fibres musculaires ne sont pas plus apparentes. Par ces organismes plus simples que les autres, le règne animal se confond pour ainsi dire avec le règne végétal, et il existe, comme on le voit, un certain point par lequel les deux grandes divisions des êtres organisés se joignent l'une à l'autre. Autant il est aisé de distinguer les animaux des végétaux, lorsqu'on a affaire à des espèces d'une organisation quelque peu compliquée, autant, au con-

traire, cette distinction devient difficile pour les espèces
très-simples et dont la structure reste purement cellulaire.
C'est ce qui a empêché les naturalistes de décider si tels
êtres doivent être classés parmi les animaux ou au contraire
parmi les végétaux et l'on s'est souvent mépris sur la nature, soit animale, soit végétale, de plusieurs familles.

Pour sortir de cette difficulté, Bory Saint-Vincent avait
admis la distinction d'un troisième règne, intermédiaire aux
animaux et aux végétaux, pour lequel il a même proposé
un nom particulier, celui de règne psychodiaire ; mais le
mieux est de reconnaître que les deux règnes généralement
acceptés se confondent entre eux par leurs espèces les plus
inférieures.

Caractères tirés des organes digestifs. — On arrive
au même résultat relativement aux espèces inférieures, les
unes végétales et les autres animales, lorsqu'on examine ces
espèces sous le rapport de leurs organes de nutrition. La
faculté de digérer, ou la présence d'organes spécialement
affectés à cette fonction, a cependant été signalée comme
pouvant à son tour servir à séparer les animaux d'avec les
végétaux. On a dit que les premiers seuls digèrent et qu'ils
possèdent à cet effet un canal intestinal (fig. 34), ou tout au
moins un estomac, comme il s'en voit un chez les polypes
(fig. 165); tandis que les végétaux n'ont jamais ni digestion
proprement dite, ni organes digestifs. Mais il y a certains
êtres qui, envisagés sous d'autres rapports, paraissent devoir
être regardés comme des animaux et qui, cependant, manquent comme les plantes d'organes spéciaux de digestion.
Ce sont aussi des espèces appartenant aux groupes inférieurs
de l'animalité; elles comptent parmi celles qui établissent
la jonction des deux règnes. D'ailleurs malgré l'absence
constante du tube digestif il existe chez les végétaux des
fonctions tout à fait comparables à la digestion des animaux
et consistant de même dans l'élaboration de principes nutritifs venus du dehors; ici la différence entre les deux règnes réside donc moins dans la nature des phénomènes de
cet ordre que dans les conditions de leur accomplissement

et le mode suivant lequel cette fonction s'opère chez l'homme, ainsi que chez la plupart des espèces du même règne, cesse de se montrer dans les derniers groupes de l'animalité. On sait que beaucoup de protozoaires manquent de cavité digestive.

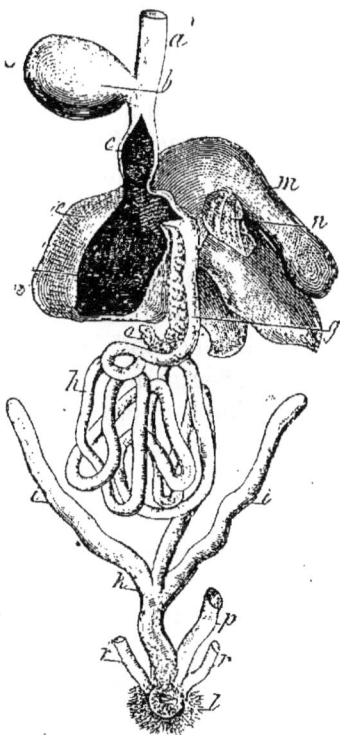

FIG. 34. — Appareil digestif de la *poule*.

a) partie inférieure de l'œsophage; — b) jabot; — c) ventricule succenturié; — d) gésier; — e) sa paroi musculaire; — g) duodénum; — h) intestin grêle; — ii) les deux cœcums; — k) commencement du gros intestin; — m) foie, rejeté à gauche; — n) vésicule biliaire; — o) pancréas.

Prétendus caractères chimiques. — Quant aux caractères de l'ordre chimique, on les a aussi donnés dans certains cas comme pouvant servir à faire séparer les ani-

maux d'avec les végétaux. On a dit que les premiers de
ces êtres étaient formés de principes immédiats pour la
plupart quaternaires, c'est-à-dire azotés, tandis que les
principes constituant les végétaux étaient essentiellement
ternaires, et par conséquent dépourvus d'azote. Mais il est
bien reconnu aujourd'hui que ces deux sortes de principes
immédiats (les uns ternaires et les autres quaternaires) sont
indispensables aux phénomènes nutritifs des végétaux comme à ceux des animaux, et les chimistes retrouvent les uns
et les autres dans les deux règnes. Le caractère différentiel
qu'on avait indiqué à cet égard est donc de nulle valeur, ou
plutôt il n'existe pas.

Point de contact des deux règnes. — Nous l'avons
déjà fait remarquer, il est facile, quand on envisage les
animaux pris dans leurs espèces ordinaires et les mieux
douées sous le rapport des fonctions de relation, de les distinguer des végétaux phanérogames ou même de la plupart des cryptogames et d'établir entre les deux règnes une
ligne de démarcation tranchée; mais, ainsi qu'on a également
pu le reconnaître par les détails qui précèdent, la distinction entre ces deux divisions primordiales des êtres organisés est loin d'être toujours aussi évidente qu'on le croit
généralement.

Il existe entre les deux règnes des points de contact tels,
qu'il est difficile dans certains cas de décider si l'on a sous
les yeux des animaux ou des végétaux. Les bacillaires,
les navicules [1] et les vibrions, dont on fait la famille des
diatomées, paraissent être des algues, c'est-à-dire des végétaux inférieurs, et cependant quelques auteurs les regardent encore comme étant des animaux. Il y a peu d'années,
on plaçait aussi avec ces derniers les corallines, les acéta-
bules, etc., dont on a constaté depuis lors la nature végétale,
et que leurs caractères rapprochent également des algues.
Enfin les éponges (fig. 35) et certaines espèces d'êtres organisés de composition purement cellulaire établissent en-

1. Voir p. 16, fig. 2.

tre les deux règnes une jonction plus évidente encore, ce qui rend difficile d'indiquer nettement le point de séparation des animaux d'avec les végétaux.

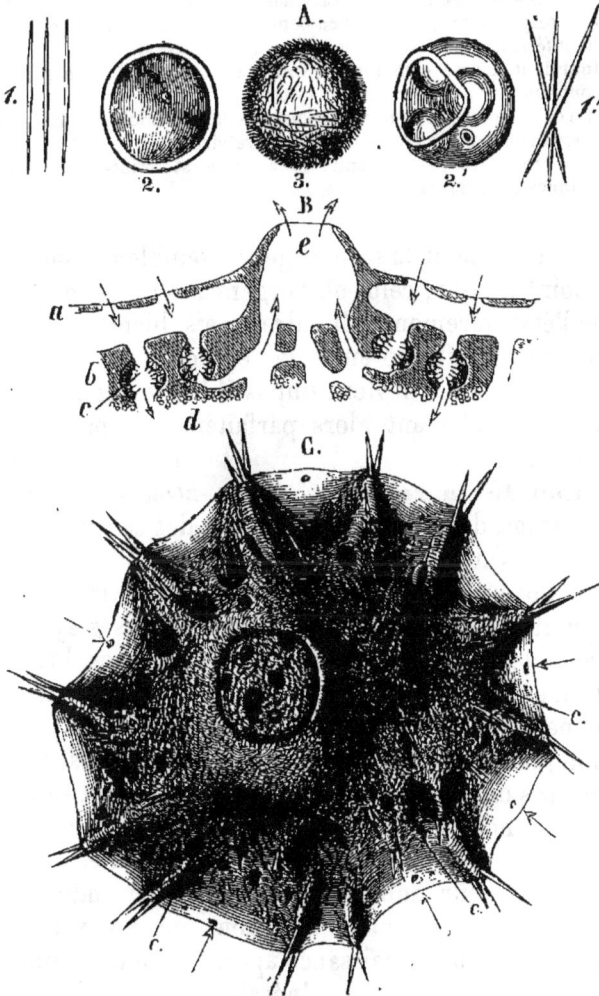

FIG. 35. — *Spongille* ou *éponge des eaux douces.*

A = 1 et 1′) spicules siliceux formant le feutrage de la spongille ; — 2 et 2′) œufs hibernaux en forme de sporanges ; celui de la figure 2′ a été ouvert pour montrer qu'il peut renfermer plusieurs corps reproducteurs ; — 3) ovule mobile et cilié. On voit déjà des spicules dans son intérieur.

B = coupe d'une spongille en voie de développement. Les flèches indiquent la direction des courants qui en parcourent l'intérieur pour la nourrir ; — a) substance extérieure de consistance gélatiniforme dont la spongille est entourée ; — b) masse formée par le feutrage des spicules ; — c) chambres ciliées, probablement respiratrices ; — e) orifice commun pour la sortie des courants ; — d) couche inférieure formée par les corps reproducteurs.

Tout autour de la masse commune se voit une expansion de la partie gélatiniforme soutenue par des faisceaux de spicules.

C = masse de la spongille ; vue en dessus. Les flèches indiquent les oscules ou orifices servant à l'entrée des courants respiratoires ; — cc) sont les ouvertures des chambres ciliées ; — au centre de la masse est l'orifice de sortie des courants marqués e sur la figure B.

La série animale et la série végétale semblent donc partir d'un point unique, celui où l'organisme reste pour ainsi dire sous l'état purement cellulaire ; mais bientôt elles divergent et toute confusion entre les espèces propres à chacun des deux règnes devient impossible, le règne animal et le règne végétal étant alors parfaitement séparables et reconnaissables.

Définition de la zoologie. — La *zoologie* (de *zóon*, animal, et *logos*, discours) est la branche des sciences naturelles qui nous fait connaître les animaux. Elle embrasse l'ensemble des notions relatives à ces êtres envisagés sous tous les points de vue, en tant que corps organisés ayant un rôle au sein de la création et pouvant servir à nos besoins. Elle s'occupe donc de leur mode d'action dans la nature, conformément aux conditions dans lesquelles ils sont placés ; elle s'applique aussi à bien connaître leurs organes, la manière dont ces organes sont constitués et comment ils fonctionnent. Elle nous guide dans l'exploitation des richesses tirées du règne animal, et nous dit comment elles peuvent être employées pour subvenir à nos besoins industriels, agricoles ou autres ; en outre, elle nous initie aux principales données que la connaissance approfondie des animaux peut fournir à la philosophie générale ainsi qu'à l'histoire du globe terrestre.

Cette science acquiert un degré d'élévation plus grand encore lorsque, comparant l'organisme humain à celui des

animaux, elle nous révèle les conditions de notre propre nature et nous montre l'harmonie qui existe entre la supériorité de nos organes et l'élévation intellectuelle et morale
dévolue à notre espèce.

Buffon, qui avait compris tout le parti que la science peut
tirer de ces comparaisons entre la structure anatomique de
l'espèce humaine ou ses fonctions et celles des animaux, a
dit avec beaucoup de sens que « s'il n'existait point d'animaux, la nature de l'homme serait encore plus incompré-
hensible. »

Branches diverses de la zoologie. — La zoologie se
partage en plusieurs branches secondaires dont on a quelquefois, mais bien à tort, fait des sciences distinctes et qui
représentent chacune un des points de vue principaux sous
lesquels les animaux sont susceptibles d'être envisagés.
C'est donc mal à propos que certaines personnes, prenant
la partie pour le tout, regardent comme l'unique objet de
cette grande division des sciences naturelles la description
extérieure des animaux ou leur classification. Ce sont là
deux des objets principaux qu'elle se propose; mais l'*anatomie comparée* ou l'*organographie des animaux*, qui nous
donne la notion exacte des différents organes propres à
ces êtres et celle de leurs rapports; l'*organogénie*, qui suit
ces organes dans les phases diverses de leur développement
et nous en montre les métamorphoses pour chaque espèce,
ainsi que les modifications propres aux différents âges de
cette espèce; la *physiologie*, qui en examine les fonctions,
provoque des expériences pour mieux s'en rendre compte et
cherche à apprécier les forces que l'organisme animal met
en jeu; enfin toutes les connaissances scientifiques relatives
aux mœurs des animaux, à leur répartition sur le globe, aux
lois de leur apparition successive et aux applications si importantes et si multipliées dont ils sont susceptibles, restent
au même titre que la description extérieure de ces êtres ou
leur classification des subdivisions fondamendales de la zoologie.

Celle-ci constitue, comme on le voit, une science de première importance, aussi intéressante par la variété des notions qu'elle fournit que féconde dans les applications auxquelles elle conduit.

CHAPITRE V.

PRINCIPES GÉNÉRAUX DE LA CLASSIFICATION.

Nécessité d'une classification. — Le nombre des espèces de corps organisés, animaux ou végétaux, que l'on
connaît, est depuis longtemps déjà fort considérable et chaque jour il s'accroît encore par suite des découvertes des
naturalistes. En ce qui concerne les animaux seulement, on
n'a pas dénommé dans l'état présent de la science moins de
six cent mille espèces dont quatre cent mille actuellement
existantes et deux cent mille propres aux anciens âges du
globe. Comme il est aisé de le voir, il serait absolument impossible de se retrouver dans l'inventaire qu'on en a dressé
si les listes que l'on en fait n'étaient disposées suivant un
ordre régulier. Il faut que la manière dont on les classe
permette de remonter à leurs caractères distinctifs et à leur
histoire particulière, lorsqu'on ne connaît encore que leur
nom, ou que, inversement, leurs caractères étant connus,
on ait le moyen de savoir leur nom ; la mémoire y trouve
un soulagement, l'esprit une satisfaction, et la science un
gage assuré de perfectionnement.

L'ordre alphabétique permettrait bien, le nom d'un animal ou d'une plante étant donné, de remonter aux caractères
de l'espèce à laquelle l'un ou l'autre appartient, puisque,
dans nos ouvrages, ce nom peut être suivi d'une définition
suffisamment précise. C'est ce procédé que nous employons
dans nos dictionnaires d'histoire naturelle comme dans nos dic-

tionnaires ordinaires; mais il est insuffisant. Non-seulement
il ne peut nous fournir, par la place assignée à chaque être,
une idée complète des particularités qui le distinguent, mais
il nous laisse également ignorer ses affinités, c'est-à-dire les
rapports qui le rattachent aux êtres de même classe que
lui ; il a aussi l'inconvénient de changer de peuple à peuple,
puisque la langue diffère avec les pays : de telle sorte que
la classification changerait elle-même avec les langues dans
lesquelles on apprendrait le nom des êtres à classer.

Caractères distinctifs. — On a compris de bonne heure
que pour bien classer les êtres organisés il fallait avoir recours aux qualités qui les distinguent entre eux, et l'on n'a
pas tardé à remarquer que toutes ces qualités n'ayant pas une
égale valeur, c'est aux plus importantes et à celles qui constituent plus particulièrement l'essence de chaque espèce qu'il
faut avoir recours. Ainsi ce n'est pas un caractère susceptible d'être employé avec utilité dans la classification des
corps naturels ou dans leur diagnose que la particularité
propre à un animal donné de servir à tel usage, de vivre
dans tel pays et non ailleurs, d'être nocturne au lieu de
chercher sa nourriture pendant le jour, etc. Il faut qu'un
caractère, pour mériter ce nom, constitue une disposition
organique spéciale, qu'il fasse partie du corps même de
l'être qu'il sert à définir et à classer. Si cette particularité
est extérieure, elle offre, à valeur égale, plus d'avantage ou
du moins plus de commodité que si elle est complétement
intérieure : on doit donc autant que possible rechercher
celles qui sont apparentes et qui se voient encore sur les
exemplaires conservés dans nos musées. Une fois bien con-
statées, elles peuvent au besoin servir à faire classer l'espèce qui les présente. Toutefois les caractères tirés des organes intérieurs ayant en général une grande importance, et
constituant les traits fondamentaux de l'organisation, on ne
doit, dans aucun cas, négliger d'y avoir recours.

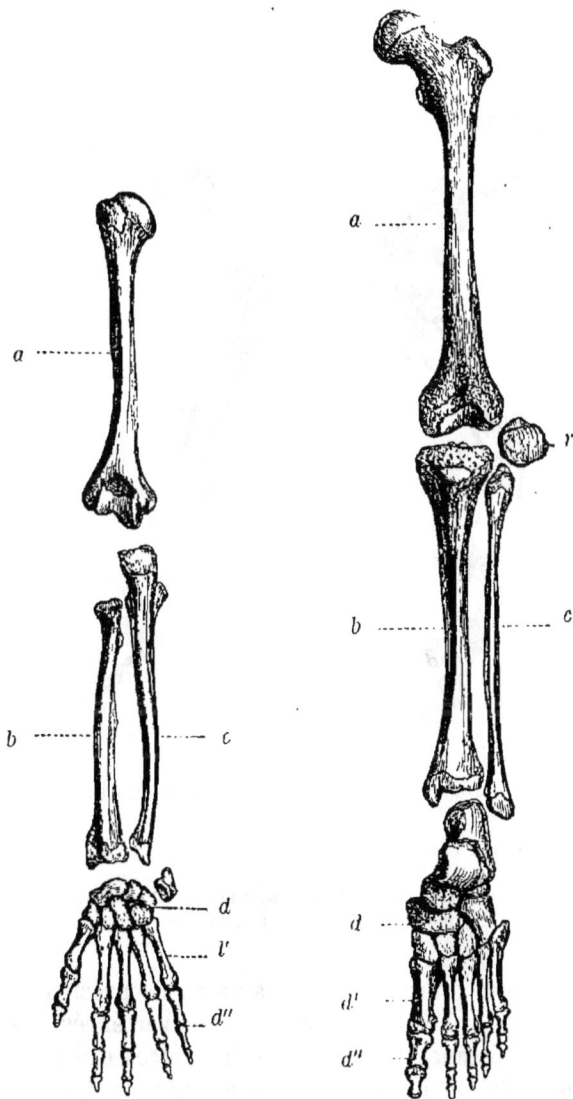

FIG. 36-37. — Membres de l'homme (squelette).

36. le membre supérieur : a) humérus ; — b) radius ; — c) cubitus ; —
d) carpe ; — d') métacarpe ; — d'') phalanges des doigts.

37. le membre inférieur : a) fémur ; — b) tibia ; — c) péroné ; — d) tarse ;
— d') métatarse ; — d'') phalange des orteils. — en r, à droite, entre le fémur et
le péroné, se voit la rotule qui a été rejetée en dehors.

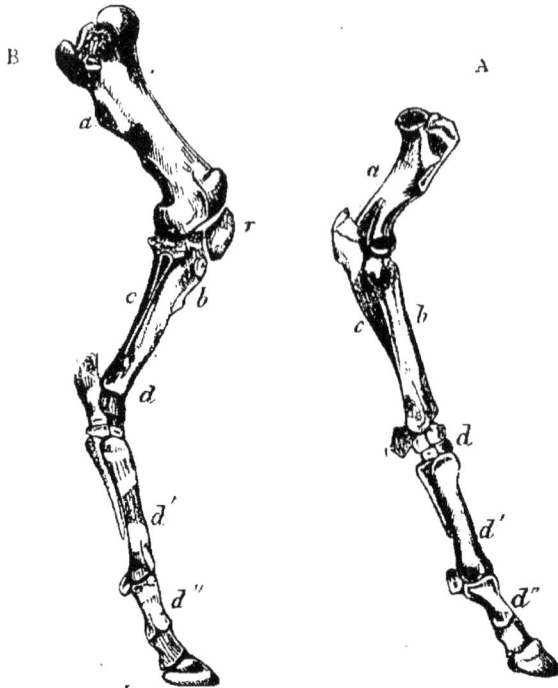

FIG. 38 et 39. — Membres antérieur et postérieur du *cheval* ; os qui en
forment la charpente.

A = pied de devant. = *a*) humérus ; — *b*) radius ; — *c*) cubitus ; — *d*) carpe
— *d'*) métacarpe; — *d''*) phalanges.

B = pied de derrière. = *a*) fémur; — *b*) tibia; — *c*) péroné; — *d*) tarse ;
— *d''*) métatarse; — *d''*) phalanges; — *r*) rotule.

Le squelette fournit, sous ce rapport, de précieuses indications en ce qui concerne les animaux vertébrés. Comme
il a une consistance solide et que les pièces qui le constituent ont été souvent conservées par la fossilisation,
l'étude attentive des os a permis de reconstruire par analogie une foule d'espèces aujourd'hui anéanties et de se
faire une idée très-exacte de leur structure anatomique.

S'il s'agit d'animaux dont les espèces vivent encore, on

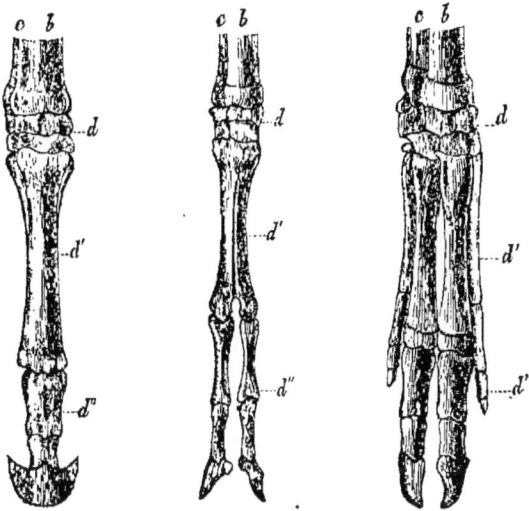

FIG. 40 à 42. — Pied de devant de divers *animaux à sabots.*

A = *Cheval.* — B.= *Chèvre.* = C = *Cochon.*

a) cubitus ; — *b*) radius ; — *d*) carpe ; — *d'*) métacarpes ; — *d"*) phalanges.

peut recourir aussi à leurs autres organes, et les résultats obtenus n'en ont que plus de certitude.

C'est ainsi que le nombre des doigts (fig. 36 à 43) et leur disposition propre à chaque famille ou à chaque genre, la formule dentaire, c'est-à-dire la connaissance du nombre des dents et de leur répartition en incisives, canines ou molaires (fig. 44 à 49), la conformation du cerveau (fig. 50 à 53), celle du squelette[1] et la structure particulière des autres organes, tant extérieurs qu'intérieurs, fournissent d'excellentes indications lorsqu'on veut établir la distinction spécifique, générique, ou autre, des mammifères, et par suite la caractéristique différentielle de ces animaux ou des autres vertébrés comparés entre eux et procéder à leur classification.

1. Voir la figure 62, ainsi que les figures 103 à 109.

Fig. 43. — Os de la nageoire pectorale du *Dauphin globiceps*. = a) humérus ; — b) radius ; — c) cubitus ; — d) la main, comprenant les deux rangées des os du carpe, les os du métacarpe et les phalanges. Celles du second doigt sont au nombre de treize, tandis que les mammifères terrestres n'en ont jamais plus de trois à chaque doigt.

Quelques exemples empruntés à la dentition des princi-paux mammifères et des figures de cerveaux, tirées de plusieurs classes, appartenant au même embranchement, vont nous montrer, mieux qu'un long discours ne saurait le faire, sur quelles différences reposent ·les véritables caractères tirés de ces deux systèmes d'organes.

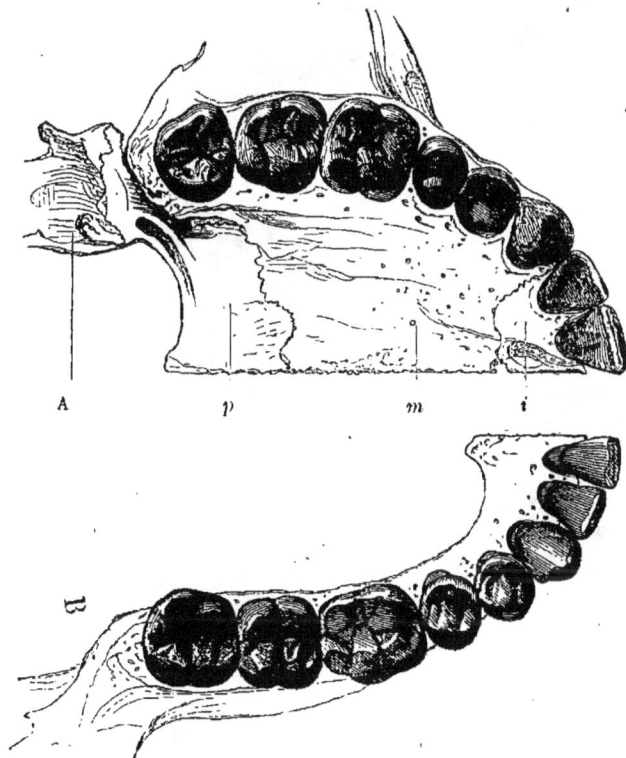

FIG. 44. — Dentition de l'*homme;* vue par la couronne.

A = la mâchoire supérieure gauche. — *i*) l'os incisif ou intermaxillaire en partie soudé avec le maxillaire supérieur du même côté : il porte deux dents incisives ; — *m*) l'os maxillaire supérieur, vu par sa surface palatine. La première des dents implantées dans cet os est la canine ; les cinq autres sont des molaires, dont deux dites avant-molaires et trois grosses molaires ou arrière-molaires; — *p*) os palatin.

B = le maxillaire inférieur correspondant. Il porte 2 incisives, 1 canine et 5 molaires, dont 2 avant-molaires et 3 arrière-molaires.

Le nombre total des dents de l'homme est 32, dans l'âge adulte. Son régime est omnivore.

L'enfant n'a que 20 dents, mais qui devront disparaître pour faire place aux 32 dents dont il vient d'être question. Ce sont 2 paires d'incisives, 1 paire de canines et 2 paires de molaires pour chaque mâchoire. On les nomme dents de lait.

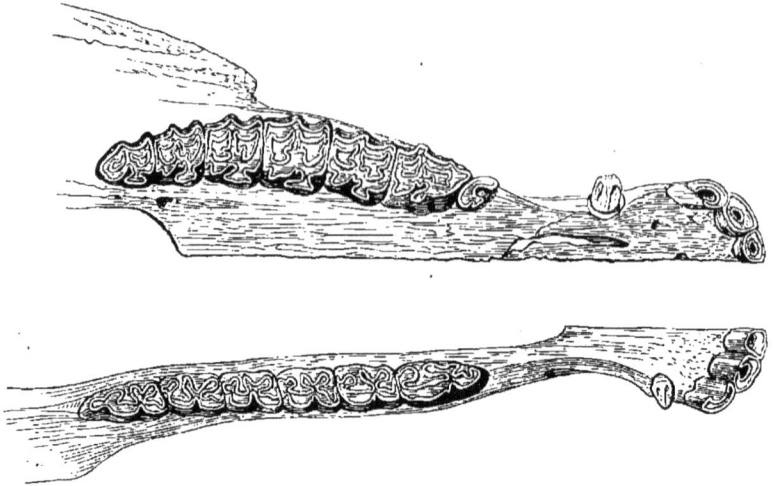

FIG. 45. Dentition du *cheval* ; vue par la couronne : 3 dents incisives, 1 canine également de chaque côté et à chaque mâchoire : 7 paires de molaires supérieures et 6 inférieures.

Nombre total des dents chez le cheval : 44. Régime herbivore.

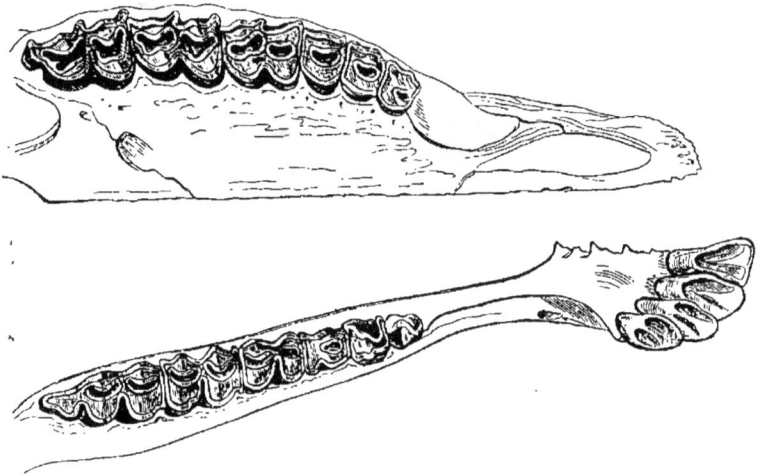

FIG. 46. — Dentition du *mouton* ; vue par la couronne.

Point de dents incisives ni de canines supérieures ; 3 paires d'incisives inférieures et 1 paire de canines incisiformes ; 6 paires de molaires à chaque mâchoire.

Nombre total des dents chez le mouton : 32. Régime herbivore.

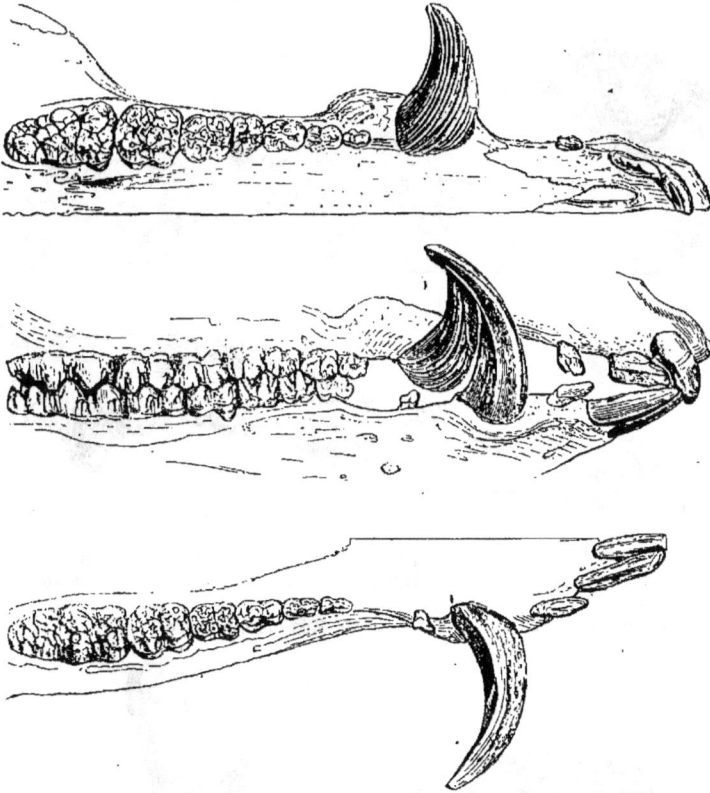

Fig. 47. — Dentition du *sanglier*; vue par la couronne et de profil. On y distingue pour chaque côté et à chaque mâchoire: 3 incisives, 1 canine, 7 molaires, dont 4 avant-molaires et 3 arrière-molaires.

Nombre total des dents chez le sanglier : 44. Régime omnivore.

Fig. 48 — Dentition du *chat*; vue de profil. 3 paires d'incisives à chaque mâchoire; 1 paire de canines, également à chaque mâchoire; 4 paires de molaires supérieures et 3 inférieures.

Nombre total des dents chez le chat : 30. Régime carnivore.

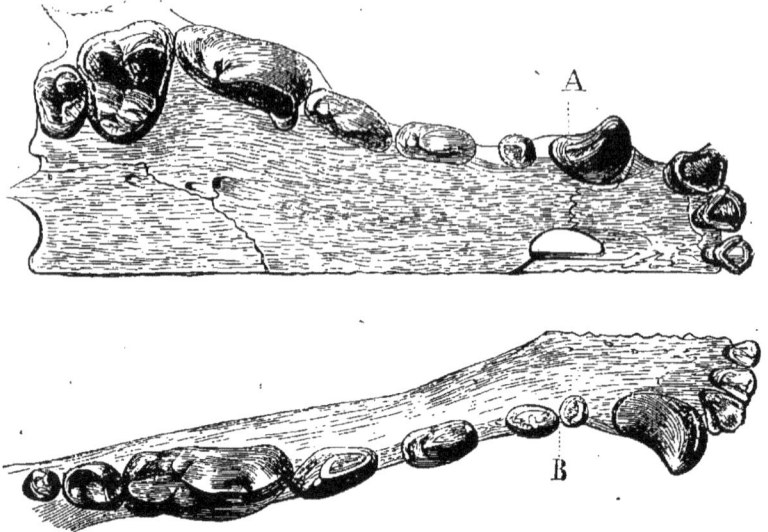

FIG. 49. Dentition du *chien* ; vue par la couronne. 3 paires d'incisives à chaque mâchoire, 1 paire de canines à chaque mâchoire ; 6 paires de molaires supérieurement et 7 inférieurement.

Nombre total des dents chez le chien : 42. Régime omnivore.

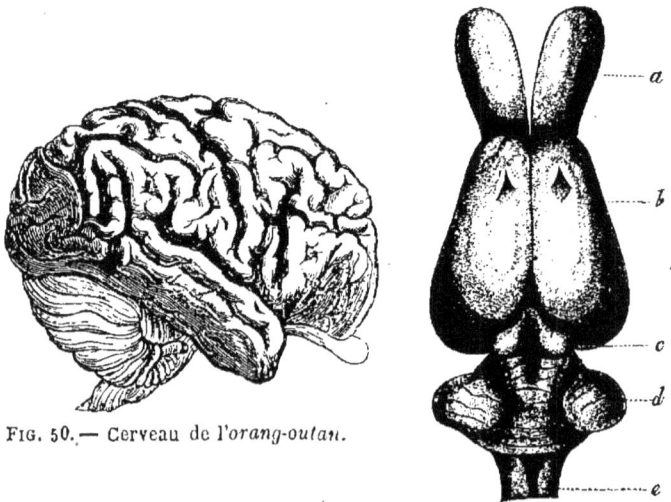

FIG. 50. — Cerveau de l'*orang-outan*.

FIG. 51. — Cerveau du *Dasyure oursin* (genre *sarcophile*) ; = a) lobes olfactifs ; — b hémisphères cérébraux ; — c) lobes optiques ou tubercules quadrijumeaux ; — d) cervelet ; — e) calamus scriptorius ou quatrième ventricule.

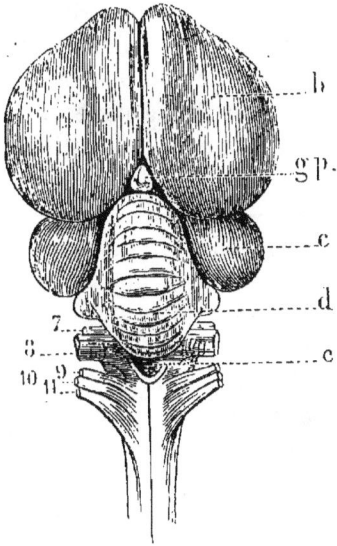

FIG. 52. — Cerveau du *dindon*. =
b) hémisphères cérébraux ; — g p) glande
pinéale ; — c) lobes optiques; — d) cervelet ; — e) calamus scriptorius ou quatrième ventricule; — 7 à 11) plusieurs des
paires nerveuses nées du cerveau.

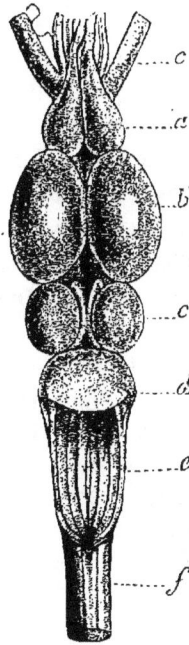

FIG. 53. — Cerveau de *tortue*. =
a) lobes olfactifs; - 6) hémisphères
cérébraux ; — c) lobes optiques ;—
d) cervelet ; — e) calamus scriptorius ; — f) partie antérieure de la
moelle épinière.

Il n'est pas jusqu'à la couleur des poils, des plumes ou
de la peau qu'on ne puisse consulter avec fruit; la taille
elle-même peut aussi donner des indications utiles ; mais ces
indications étant tirées de particularités dont l'importance
dans les fonctions de chaque espèce est peu considérable,
elles n'ont à leur tour qu'une valeur caractéristique très-
secondaire.

Les animaux sans vertèbres ne sont pas moins faciles
à définir que les vertébrés lorsqu'on a recours à l'examen
attentif des particularités distinctives qu'ils présentent : ca-

ractères anatomiques, forme extérieure, particularités tirées de tels ou tels organes; et il en est de même pour les
plantes si l'on compare d'espèce à espèce ou de genre à genre
leurs feuilles, leurs fleurs, leurs fruits, leurs graines, etc.

C'est sur ces divers caractères que l'on se fonde pour
établir la répartition méthodique des animaux ou des végétaux en espèces, et celle de leurs genres, en groupes de
valeur plus grande auxquels on donne les noms de familles,
ordres, classes et embranchements ou types.

Valeur relative des caractères. — Cependant toutes
les particularités caractéristiques, même celles tirées des organes les plus importants à la vie ou les plus apparents,
n'ont pas une égale valeur. On ne saurait obtenir du mode
de coloration ou de la taille des animaux et des plantes, des
indications aussi importantes que de leur dentition, de la
conformation de leurs membres, de la disposition générale
du système nerveux, ou de la forme des fleurs et des graines s'il s'agit de classer les plantes.

Ce n'est pas, en effet, sur la couleur du corps ou sur ses
dimensions qu'on se fonderait pour établir que tel animal
ou telle plante appartient à une classe plutôt qu'à une autre.
Les caractères ont une importance relative et une valeur
différente; tel d'entre eux qui pourrait servir à distinguer
une espèce, devient insuffisant pour l'établissement d'un
genre quel que soit le système d'organes auquel on l'em-
prunte; encore moins devra-t-on y recourir pour établir une
famille ou un groupe hiérarchiquement supérieur comme
un ordre ou une classe.

Un même organe peut donc fournir des caractères de
valeur différente, suivant l'intensité de celle de ses particularités que l'on envisage, et suivant l'influence exercée
par ces particularités sur le reste de l'organisation ou leur
rôle dans la vie. Certaines dispositions tirées du cerveau,
des dents et des membres, ou de la fleur, des feuilles, etc.,
pour ce qui regarde les végétaux, sont plus importantes que
d'autres qui pourront néanmoins être empruntées aux mêmes parties, et dans beaucoup de cas exister concurrem-

ment avec les précédentes. Il sera toujours intéressant de rechercher quelle influence elles ont dans le genre de vie des espèces qui les présentent. Leur étude attentive permettra de constater avec quel art la nature sait approprier l'organisme des animaux ainsi que celui des plantes au rôle qu'elle assigne à chaque espèce.

Comme on le voit, les caractères ont besoin d'être appréciés à leur valeur réelle, et au lieu de les compter il faut les peser, si l'on veut arriver à des résultats précis ou conformes à la nature des êtres à classer, ce qui est le but de toute bonne classification. On doit donc, avant tout, comme le disait A. L. de Jussieu, subordonner les caractères les uns aux autres. La *subordination des caractères* est le secret de toute classification représentant la réalité, c'est-à-dire les affinités naturelles des êtres à classer, et par conséquent de toute *classification naturelle;* c'est par elle que nous arrivons ensuite à subordonner aussi les espèces dans nos classifications hiérarchiques et à assigner à chacune d'elles dans les cadres méthodiques un rang conforme à celui qu'elle semble occuper dans le plan général de la nature au milieu des êtres actuellement existants ou de ceux qui ont existé à des époques antérieures.

Classifications artificielles. — On n'a pas toujours procédé d'une manière aussi scientifique. Les véritables principes de la méthode naturelle étaient ignorés des anciens, et, en botanique encore plus qu'en zoologie, on a longtemps marché au hasard dans le classement des espèces. Les caractères ont d'abord été pris en masse et pêle-mêle, sans que l'on songeât à se préoccuper de leur valeur respective, ou bien encore on s'est servi, pour établir la classification, de particularités empruntées à un ordre d'organes pris indépendamment de tous les autres, et cela sans avoir le soin de choisir les organes prépondérants, ni même de mettre en première ligne les particularités de ces organes qui ont le plus de valeur. C'est principalement ce que Linné a fait[1], lors-

1. Voir dans le volume consacré à la *Botanique descriptive* (3e et

qu'il a distribué les plantes en vingt-quatre classes d'après la seule considération des étamines, sans se préoccuper s'il existait quelque rapport entre les caractères qu'il employait et le reste de l'organisation des végétaux, ni de la manière dont les différents genres de plantes se trouveraient ainsi associés dans chaque classe, ou rangés les uns auprès des autres dans la série générale qu'il adoptait.

On procéderait de même en zoologie si l'on tenait compte, avant tout, du nombre ou de l'absence des membres sans rechercher d'abord quels sont les caractères fondamentaux de l'organisme ou les phases que cet organisme subit dans son développement pour parvenir à sa forme définitive. Mais les rapprochements singuliers auxquels une semblable méthode de classification des animaux conduirait, ne tarderaient pas à en démontrer les inconvénients.

Déjà à l'époque d'Aristote la science zoologique était à l'abri de pareilles erreurs, et Linné qui a fondé une classification complétement empirique du règne végétal, s'est beaucoup plus rapproché dans sa classification des animaux de la série naturelle de ces êtres. On en comprend la raison.

Il était en effet difficile, avant que l'on sût apprécier la valeur réelle des caractères ou en établir la subordination, de se faire une idée un peu précise de la sériation des plantes, c'est-à-dire de leur supériorité et de leur infériorité relatives. On voyait bien qu'il y a des végétaux moins parfaits que les autres, et Linné regardait déjà comme tels les cryptogames; mais quel botaniste aurait pu dire alors sans craindre d'être aussitôt contredit, quel est le genre ou même la famille de plantes phanérogames qui forme le terme réellement supérieur et le plus élevé de toute la série végétale?

Aujourd'hui même on n'est pas d'accord sur ce point. A. L. de Jussieu mettait en tête des végétaux les Amentacées; de Candolle y a placé les Renonculacées; Adrien de

_____

4e années des Programmes de l'enseignement spécial), le tableau du système botanique de Linné.

Jussieu préférait y voir les Composées. Aucune de ces opinions n'a prévalu, et tout ce que l'on peut encore affirmer
dans l'état actuel de nos connaissances, se borne à établir
que l'opinion de de Candolle paraît être la moins probable
des trois[1].

Classification naturelle des animaux. — En zoologie,
une semblable hésitation était impossible. Non-seulement
les termes extrêmes de l'échelle animale sont évidents, mais
dans la plupart des cas il n'est pas moins aisé d'assigner à
chacune des grandes classes de ce règne son rang dans la
série des êtres. Les singes (fig. 26 et 77) et les autres mammifères occupent évidemment le sommet de cette échelle ;

FIG. 54. — *Perruche ondulée.*

les oiseaux (fig. 54) viennent ensuite, puis les reptiles (fig.
55), les batraciens et les poissons (fig. 56), et l'on trouve
assez aisément quelles sont les espèces les plus parfaites

1. Voir à cet égard l'ouvrage cité dans la note précédente.

de chacune de ces classes, ou celles qui doivent être placées
après les autres, à cause de la supériorité ou de l'infériorité
relatives de leur structure.

FIG. 55. — *Cistude europeenne.*

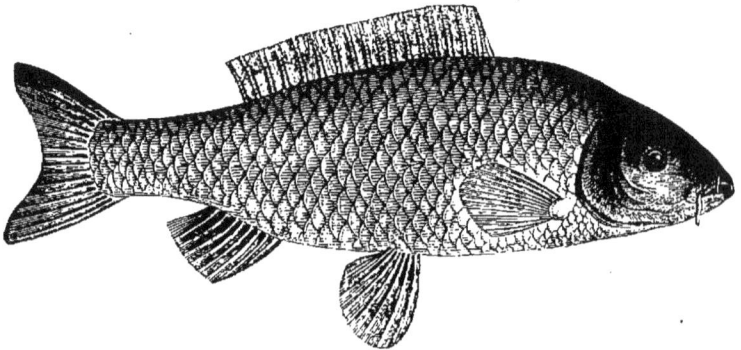

FIG. 56. — *Carpe.*

La série des vertébrés établie, on peut hésiter avant de
décider si le second rang doit être accordé à l'embranchement des animaux articulés ou au contraire à celui des mollusques, surtout si l'on ne tient compte ni de la supériorité
des instincts, ni de la facilité plus ou moins grande avec laquelle ces animaux se meuvent; aussi Cuvier plaçait-il les
mollusques (fig. 58) immédiatement après les vertébrés,
tandis que de Blainville y mettait les animaux articulés,
plus particulièrement les insectes (fig. 57); mais il n'y a
plus de doute pour les échelons inférieurs du même règne.

FIG. 57. — *Papillon machaon* (insecte lépidoptère).

FIG. 58. — Escargot des vignes (mollusque gastéropode).

Après les Échinodermes (fig. 59) viennent les autres zoo-

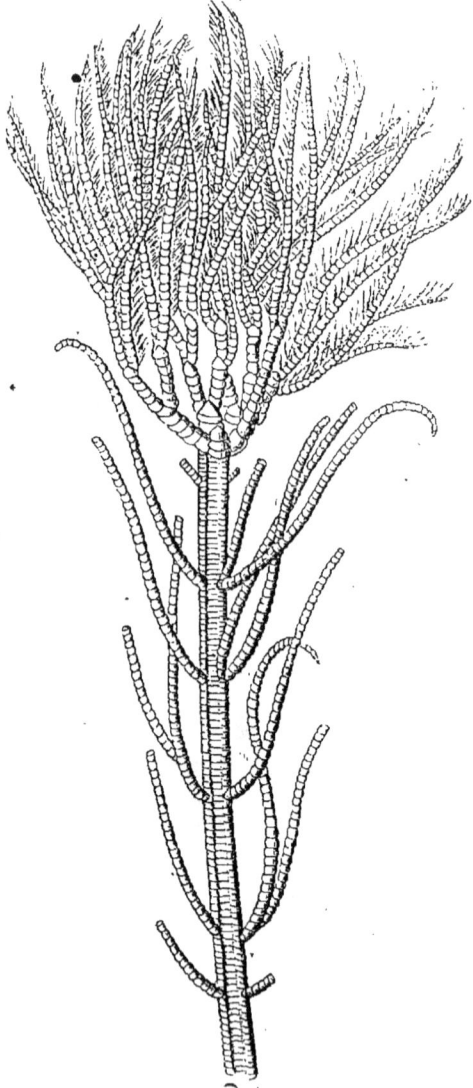

FIG. 59. — *Encrine des Antilles* (classe des Échinodermes).

phytes. Les zoophytes se rattachent en effet d'une manière
assez directe au règne végétal par un grand nombre de leurs.
espèces dont on a même fait pendant longtemps des végétaux (ex. les Polypes (fig. 60), et ils conduisent d'une façon
insensible aux végétaux inférieurs par les infusoires (fig. 61)
ainsi que d'autres espèces si simples, qu'on leur a donné, à
cause de l'infériorité même de leur structure, le nom de
protozoaires, rappelant que ce sont les plus simples de tous.
les animaux.

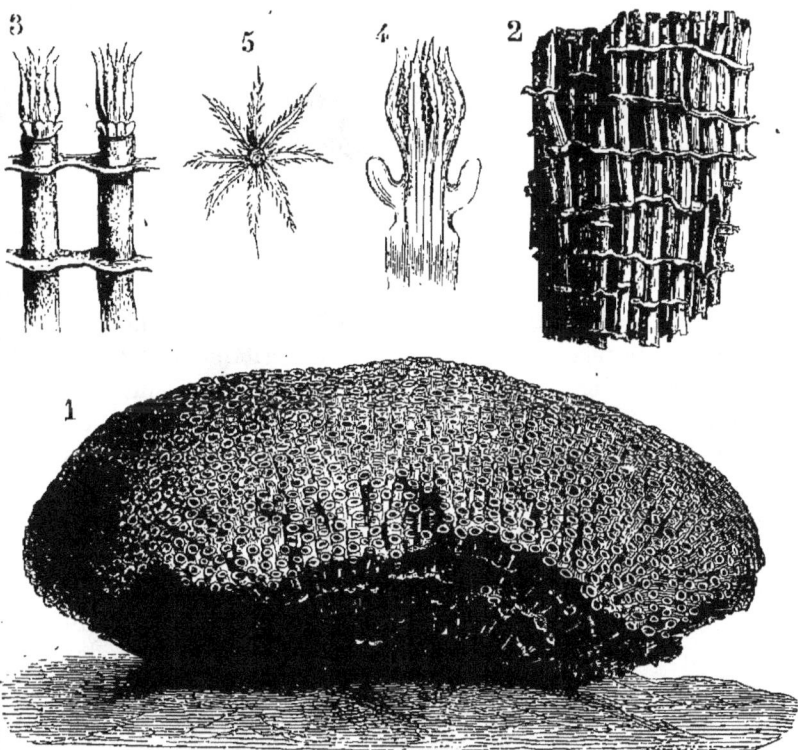

FIG. 60. — *Tubipore musique.*

1) le polypier; — 2) quelques tubes ou loges, vus séparément ; — 3) polypes
dans leurs tubes ou loges tubulaires; — 4) polype isolé ; — 5) son appareil ten-
taculaire entourant la bouche.

Cependant ils ne sont pas tous aussi imparfaits, et leurs

premières feuilles, c'est-à-dire les échinodermes, échappent en particulier à cette règle tout en ayant le corps disposé radiairement (fig. 59).

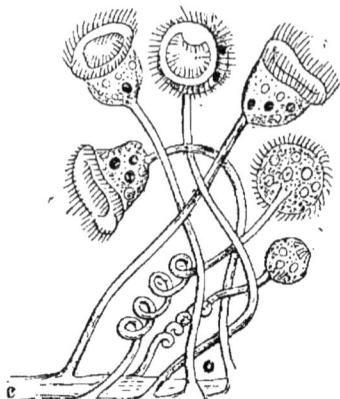

FIG. 61. — *Vorticelles* (infusoires).

De Blainville, qui a beaucoup contribué à établir la classification du règne animal sur des bases véritablement naturelles, a souvent parlé de la nécessité de subordonner les caractères, comme l'avait déjà fait de Jussieu, et aussi de celle de subordonner les espèces et leurs différents groupes les uns par rapport aux autres. Il voulait que chaque espèce occupât dans nos classifications une place indiquant ses véritables affinités, ainsi que le degré réel de sa complication organique comparé à celui de toutes les autres. Cette idée a été féconde en remarques intéressantes. L'examen comparatif des organes des animaux, l'observation attentive des espèces antédiluviennes, ainsi que l'étude du développement de celles qui vivent actuellement ont montré qu'on ne doit jamais la perdre de vue lorsqu'on veut arriver à des résultats exacts et approcher davantage de la classification naturelle.

L'ensemble des êtres organisés a été quelquefois considéré comme constituant une série unique, dont les différents termes ou degrés s'écarteraient également les uns des autres. S'il en était ainsi, la classification de ces êtres se réduirait à une simple liste de genres ou mêmes d'espèces, disposées suivant leurs affinités ou ressemblances respectives ; et cette série serait continue, c'est-à-dire sans interruptions comparables à celles qui séparent les familles, les classes ou les embranchements. Il n'y aurait même lieu de distinguer ni familles, ni ordres, ni classes ; les embranchements ou types ne se sépareraient pas non plus entre eux, puisqu'il ne serait pas possible, les différences entre les espèces étant toujours d'égale valeur, de justifier, par des caractères supérieurs à ceux qui caractérisent les uns par rapport aux autres les genres ou les espèces, les grandes associations de ces espèces ou de ces genres que l'on indique par les mots de familles, classes, embranchements, etc. Mais les particularités que présentent ces différents groupes sont elles-mêmes de valeur très-inégale et la série continue des êtres vivants, telle que Bonnet et d'autres naturalistes l'avaient imaginée, n'existe réellement pas.

Si les corps organisés ne forment pas, comme le supposaient ces savants et comme on l'a quelquefois admis depuis eux, une série unique et continue dont les termes seraient représentés par les différentes espèces animales et végétales, suivant quel mode doit-on les classer ? Il y a une hiérarchie démontrable de ces êtres, les uns par rapport aux autres, et leurs espèces peuvent être associées par groupes distincts et subordonnés, séparables au moyen des caractères fixes et faciles à reconnaître qu'elles présentent. Le règne animal est comparable sous ce rapport à une sorte de progression décroissante si l'on part de l'homme, ou au contraire croissante si l'on commence par les animaux les plus simples ; mais les termes de cette progression forment autant de séries partielles composées elle-mêmes d'un nombre plus ou moins considérable de genres et d'espèces, et la distance qui sépare ces groupes naturels les uns des autres, c'est-à-dire ces séries secondaires dont l'ensemble du règne est composé n'est pas constante. On s'en ferait une idée peu exacte si l'on voulait retrouver dans la série générale que les êtres constituent une régularité comparable à celle à laquelle les mathématiques nous ont habitués, et que nous constatons dans les différents termes des progressions arithmétiques ou dans ceux des progressions dites géométriques.

Sans contester à de Jussieu l'honneur d'avoir formulé les véritables principes de la classification naturelle, on doit reconnaître que les zoologistes ont eu, de tout temps, un sentiment plus approché de ces principes que ne l'avaient avant lui les botanistes. Cela tient à la nature même des caractères qui distinguent entre eux les êtres qui font l'objet de leurs études, c'est-à-dire des animaux, et à la facilité avec laquelle il est possible d'apprécier la supériorité ou l'infériorité relatives de ces êtres.

Progrès successifs de la classification. — Aristote[1] divisait les corps naturels en deux grandes catégories comprenant les corps vivants ou organisés (*psuchia*) et les corps bruts ou sans vie (*apsuchia*). Les êtres vivants étaient déjà partagés par lui, comme ils l'ont été par les naturalistes modernes, en deux règnes, sous les noms d'animaux (*Zóa*) et de végétaux (*phuta*).

Voici sa classification des animaux :

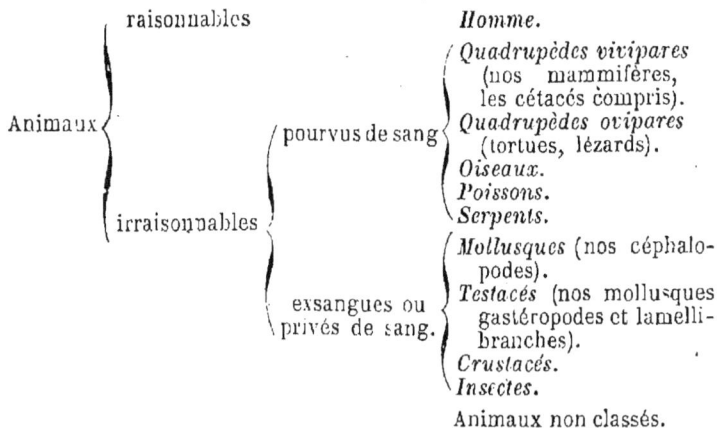

raisonnables   *Homme.*

Animaux

pourvus de sang
- *Quadrupèdes vivipares* (nos mammifères, les cétacés compris).
- *Quadrupèdes ovipares* (tortues, lézards).
- *Oiseaux.*
- *Poissons.*
- *Serpents.*

irraisonnables

exsangues ou privés de sang.
- *Mollusques* (nos céphalopodes).
- *Testacés* (nos mollusques gastéropodes et lamellibranches).
- *Crustacés.*
- *Insectes.*

Animaux non classés.

1. Célèbre philosophe grec né à Stagyre, 384 ans avant J. C., mort à Chalcis en l'an 322.

Par animaux exsangues on entendait, à l'époque d'Aristote, ceux qui n'ont pas le sang rouge, et, par animaux pourvus de sang, ceux chez lesquels ce liquide est de cette dernière couleur ; comme on ignorait que certains vers ont le sang coloré en rouge, la division des exsangues répondait d'une manière exacte à l'ensemble des animaux sans vertèbres tels que Lamarck les a définis vers la fin du siècle dernier.

La classification zoologique de Linné[1], quoique également abandonnée, mérite aussi d'être rappelée, attendu qu'elle est, avec celle d'Aristote, une des origines principales des classifications proposées à des époques plus récentes, classifications dont nous dirons aussi quelques mots pour mettre le lecteur en état d'apprécier les progrès successifs que la science a faits sous ce rapport.

Linné partageait les animaux en six classes : 1º les *mammifères* (*mammalia*) ou les quadrupèdes vivipares et les cétacés d'Aristote ; 2º les *oiseaux ;* 3º les *amphibies*, répondant à nos reptiles et à nos batraciens, plus quelques poissons, les plagiostomes par exemple ; 4º les *poissons ;* 5º les *insectes*, dont les myriapodes, les arachnides et les crustacés ne sont pas séparés comme classes et ne constituent qu'un ordre particulier sous le nom d'aptères ; 6º les *vers*, partagés en intestinaux, mollusques, testacés, lithophytes et zoophytes.

Comme on le voit, le célèbre naturaliste suédois n'admettait aucun groupe intermédiairement au règne et aux classes, au nombre de six, dans lesquelles il partageait l'ensemble des animaux.

Lamarck, naturaliste français qui s'est beaucoup occupé de l'étude des animaux inférieurs, se rapprocha davantage d'Aristote, lorsqu'il institua les deux grandes divisions des *animaux vertébrés* et des *animaux sans vertèbres*. Ses animaux vertébrés, en tête desquels se place l'homme (fig. 62) constituent une division tout à fait naturelle.

---

1. Professéur à Upsal (Suède); né en 1707, mort en 1778.

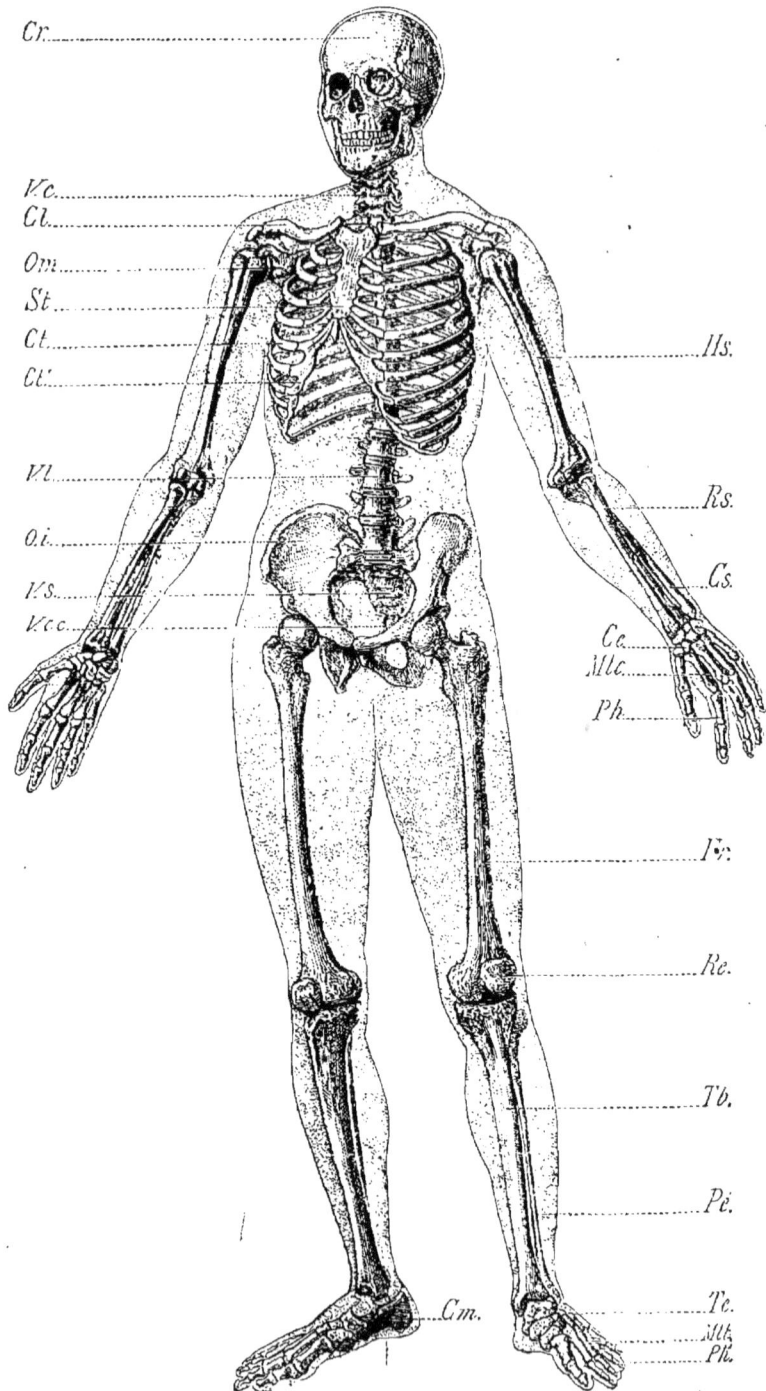

Cr.

V.c.
Cl.
Om.
St.
Ct.
Cl'.

V.l.

O.i.

V.s.
V.cc.

Hs.

Rs.

Cs.

Ce.
Mc.
Ph.

Fr.

Re.

Tb.

Pe.

Te.
Mtt.
Ph.

Cm.

FIG. 62. — *Squelette humain.* = cr) crâne; — vc) vertèbres cervicales;
— cl) clavicule; — om) omoplate; — st) sternum; — ct) côtes; — cl) fausses
côtes (les côtes et les fausses côtes sont supportées par les vertèbres dorsales);
— vl) vertèbres lombaires; — vs) sacrum, formé par la réunion des vertèbres
sacrées; — vcc) coccyx, formé par la réunion des vertèbres caudales; — ol) os
nnominé, comprenant l'os des îles, l'iskion et le pubis; — hs) humérus; — rs)
radius; — cs) cubitus; — ce) os du carpe; — mtc) métacarpiens; — ph) phalanges des doigts; —(r)fémur; — re) rotule; — tb) tibia; — pe) péroné; — te)
tarse, dont cm est le calcanéum; — mtt) métatarsiens; — ph') phalanges des
orteils ou doigts de pieds.

Il n'en est pas ainsi chez les invertébrés ou animaux sans
vertèbres, et il a paru nécessaire de les partager à leur
tour en plusieurs embranchements distincts. C'est ce que
firent bientôt G. Cuvier et de Blainville, qui sont aussi
deux des plus grands naturalistes du siècle actuel.

Dans un mémoire publié en 1812, sous le titre de Nouveau rapprochement à établir entre les classes qui composent le règne animal, Cuvier soutient, comme il l'a depuis
exposé en détail dans son ouvrage intitulé *Le règne animal
distribué d'après son organisation*, qu'il y a dans ce règne
quatre groupes primordiaux. Il a dès lors appelé ces groupes
des *embranchements* et il y a réparti de la manière suivante
les principales classes d'animaux :

1° Les VERTÉBRÉS comprennent les *mammifères*, les
oiseaux, les *reptiles* et les *poissons*;

2° Les MOLLUSQUES sont partagés en *céphalopodes* (les
mollusques d'Aristote), *ptéropodes*, *gastéropodes*, *acéphales*,
brachiopodes et *cirrhipèdes*[1];

3° Les ARTICULÉS ont pour classes diverses les *annélides*, les *crustacés*, les *arachnides* et les *insectes*;

4° Les ZOOPHYTES ou *rayonnés* comprennent les *échinodermes*, les *intestinaux*[2], les *acalèphes* ou orties de mer, les

1. On a reconnu plus récemment que les cirrhipèdes (anatifes et
balanes) doivent être associés aux crustacés.
2. Maintenant rapprochés des annélides, avec lesquels ils forment le
deuxième sous-embranchement des animaux articulés.

polypes et les *infusoires* [1], animaux sur lesquels il avait été publié, depuis Linné, des travaux importants.

Pendant la même année, de Blainville fit aussi connaître ses idées sur la classification du règne animal. Il tenait compte, ainsi que venait de le faire Cuvier, des dispositions anatomiques propres aux différents groupes naturels, mais en ayant soin de rattacher ces dispositions à des caractères extérieurs qui en devenaient pour ainsi dire la traduction. Il arrivait ainsi à établir que les caractères tirés de l'organisation des animaux, ainsi que de la forme générale de leur corps, indiquent cinq grandes divisions primitives, savoir : les *animaux vertébrés*, que l'auteur nomme *ostéozoaires* pour rappeler qu'ils sont pourvus d'un squelette ; les ANIMAUX ARTICULÉS ou *entomozoaires ;* les MOLLUSQUES ou *malacozoaires* ; les ANIMAUX RAYONNÉS ou *actinozoaires*, et les ANIMAUX HETÉROMORPHES ou *amorphozoaires*, qui ont l'organisme extrêmement simple et point de forme constante [2].

De Blainville considérait ces cinq divisions primordiales comme représentant un nombre égal de modes particuliers d'organisation, et par conséquent comme ne relevant pas les unes des autres, ainsi que pouvait le faire supposer la théorie des analogies de composition étendue par E. Geoffroy Saint-Hilaire et par quelques autres à tout le règne animal. Il comparait ces formes élémentaires des animaux aux formes primitives qui distinguent les cristaux, et, comme elles sont étrangères les unes aux autres, il appelait chacune des catégories qu'elles caractérisent non plus un embranchement, ainsi que l'avait fait Cuvier, mais un *type*. Ces types rentraient eux-mêmes dans trois sous-règnes, caractérisés par des particularités également tirées de la forme extérieure, envisagée cette fois d'une manière purement géométrique.

Ainsi les vertébrés, les articulés et les mollusques ont,

---

1. Les infusoires et quelques autres animaux très-simples en organisation forment dans la classification actuellement adoptée un cinquième embranchement sous la dénomination de protozoaires.

2. Telles sont les éponges.

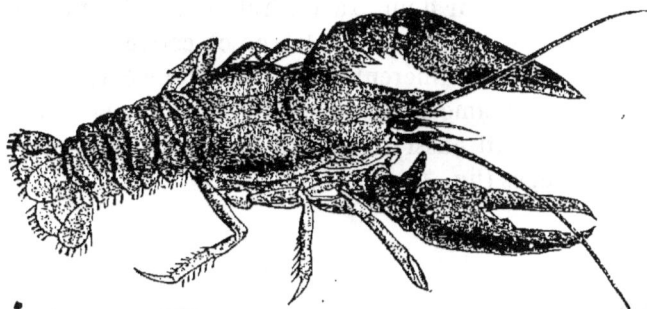

FIG. 63. — *Écrevisse* (classe des crustacés).

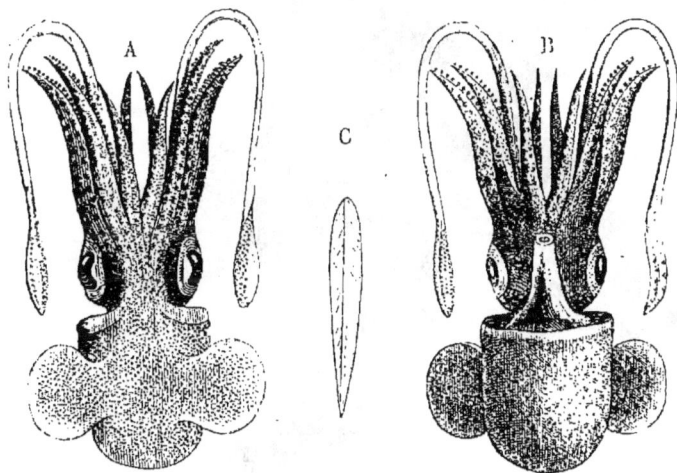

FIG. 64. — *Sépiole* (classe des céphalopodes) = a) vue en dessus; — b) en dessous; — c) son osselet dorsal.

comme l'homme, les parties du corps disposées similairement à droite et à gauche, ce qui permettrait de les partager par le milieu en deux moitiés symétriques; ils sont de
forme paire.

Ainsi que leur nom l'indique, les rayonnés sont au contraire susceptibles d'être partagés en plus de deux par-

ties similaires et leurs divisions sont groupées, quel qu'en soit le nombre, autour d'un axe central comme les rayons d'un même cercle autour du centre de ce cercle (fig. 65). Enfin la forme est indifférente ou indéterminée chez les hétéromorphes ou amorphozoaires de Blainville, dont cet auteur ne reconnaît aussi qu'un seul type, celui des spongiaires ou éponges (fig. 35 et 185).

FIG. 65. — *Astérie rouge.*

On doit en outre remarquer dans la classification de ce zoologiste célèbre, telle qu'il l'établissait déjà à l'époque que nous avons indiquée, la séparation des batraciens d'avec les reptiles à peau écailleuse, et leur distinction comme classe. De Blainville les comparait aux poissons; il rapprochait au contraire les reptiles des oiseaux, ce que l'étude comparative du développement de ces animaux a entièrement confirmé[1]. C'est donc lui qui a montré le premier la convenance de partager les vertébrés en cinq classes au lieu de quatre comme le faisait encore Cuvier[2].

De Blainville fut aussi mieux inspiré que ses contemporains, lorsqu'il renversa la série des animaux articulés alors acceptée, et rangea les insectes les premiers, parmi les animaux de cet embranchement, au lieu d'y placer les annélides.

Il différait encore de Cuvier dans son opinion sur la valeur des caractères tirés des différents systèmes d'organes.

Au lieu de placer en première ligne ceux qui appartiennent aux organes de la nutrition, comme le cœur, les vaisseaux ou les organes respiratoires, il fit remarquer que l'on doit attribuer plus d'importance aux caractères empruntés aux organes de relation; c'est depuis lors qu'on a apporté une si grande attention à bien comprendre les particularités fondamentales du système nerveux et les rapports que ces particularités présentent avec les manifestations diverses de la sensibilité ou du mouvement dans chaque groupe naturel.

Quelques observations faites au sujet du mode de développement des animaux ont aussi montré quel parti on pouvait tirer de l'observation des métamorphoses que subissent la plupart des espèces un peu élevées en organisation, que ces changements aient lieu après la naissance ou, ce qui est plus fréquent encore, qu'ils s'opèrent dans l'intérieur même de l'œuf (fig. 66 à 68).

1. On a montré que les batraciens sont anallantoïdiens à la manière des poissons, tandis que les reptiles proprement dits, auxquels Brongniart et Cuvier les avaient associés, sont, comme les oiseaux et les mammifères, des animaux pourvus pendant leur vie embryonnaire d'une vésicule allantoïde et d'une amnios.

2. La classification des vertébrés telle qu'Aristote l'avait établie, est moins naturelle encore, puisqu'elle sépare les serpents d'avec les reptiles et qu'elle les place après les poissons qui forment évidemment la dernière classe de cet embranchement.

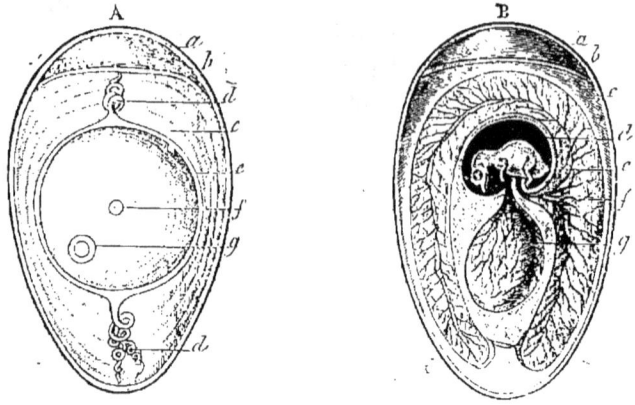

FIG. 66. — *OEuf de la poule :* — A) avant l'incubation ; — B) pendant l'incubation.

A = *a*) la coquille ou coque calcaire de l'œuf ; — *b*) cavité de la chambre à
air ; — *c*) blanc de l'œuf ou albumen ; — *dd*) chalazes ; — *e*) membrane vitelline contenant le jaune ou vitellus ; — *f*) vésicule germinative ou de Purkinje ;
— *g*) la cicatricule, point de départ du développement embryonnaire, après
la rupture de la vésicule de Purkinje.

B = *a, b, c*) comme ci-dessus ; — *d*) poche amniotique ; — *e*) l'embryon en
voie de développement ; — *f*) vésicule allantoïde ; — *g*) vésicule vitelline renfermant le jaune ou vitellus.

C'est par des études de cet ordre que l'on est arrivé à
donner à la classification des mammifères sa perfection actuelle, et, après avoir démontré la nécessité de séparer les
reptiles d'avec les batraciens, elles ont conduit à rendre
plus naturelle la classification de ces derniers. Leur influence n'a pas été moindre, en ce qui concerne les animaux sans vertèbres, et, dans chacun de leurs embranchements, elles ont provoqué des progrès incontestables. C'est
ainsi que les cirrhipèdes, dont on faisait alors des mollusques, ont dû être reportés parmi les crustacés, dont ils
ont en effet les principaux caractères ; que les lernées, ces
singuliers parasites des poissons, ont été retirées d'avec les
entozoaires et réunis aussi aux crustacés, et que la classification des polypes, ainsi que celle des vers intestinaux, a
été rectifiée. La connaissance du mode de développement
de ces derniers a rendu compte des faits principaux de leur

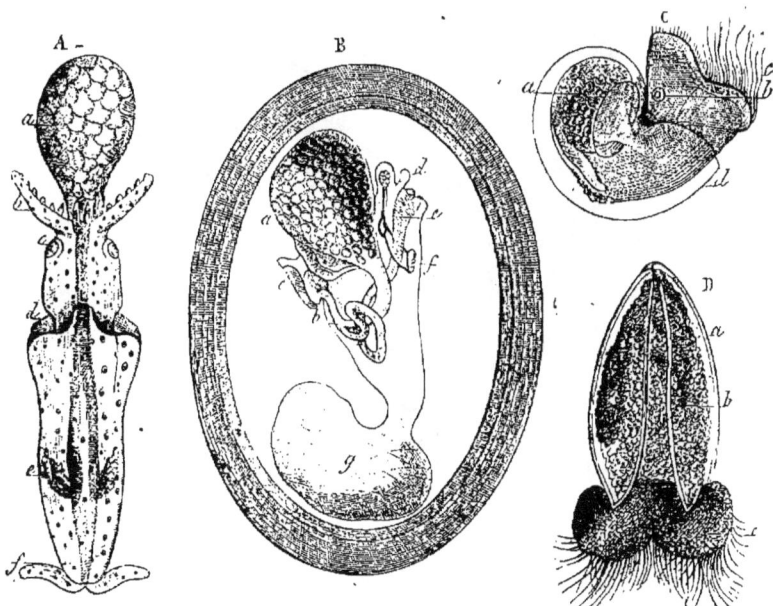

Fig. 67. — Principaux modes de développement des mollusques
et métamorphoses de ces animaux.

A = Céphalopodes. Embryon de *Calmar*. = a) vésicule vitelline; — b) appendices céphaliques appelés bras ou pieds; — c) yeux; — d) cou et orifice du sac respiratoire; — e) branchies.

B = Gastéropodes pulmonés. Embryon de *Limace*. = a) vésicule vitelline; — b) intestin; — c) bouclier renfermant le rudiment de la coquille; = d) tentacules oculaires; — e) bouche et œsophage; — f) cerveau et collier œsophagien; — g) rame caudale qui disparaîtra à l'époque de la naissance.

C = Gastéropodes nudibranches. Embryon de l'*Actéon*. = a) vitellus ou aune; — b) capsule auditive; — c) appareil natatoire pourvu de cils; — d) coquille. — L'appareil natatoire et la coquille des nudibranches sont des organes temporaires destinés à disparaître peu de temps après la naissance.

D = Conchifères ou lamellibranches. Embryon de l'*Huître*. = a) la coquille qui est alors équilatérale; — b) corps du jeune animal; = c) appareil natatoire cilié, destiné à disparaître lorsque la jeune huître se fixera.

parasitisme, et, en suivant les polypes dans leurs transformations diverses, on a reconnu que certaines familles de ces animaux, d'abord supposées distinctes les unes des autres, ne reposaient que sur l'examen d'exemplaires de même espèce ou de même genre envisagés sous des états différents.

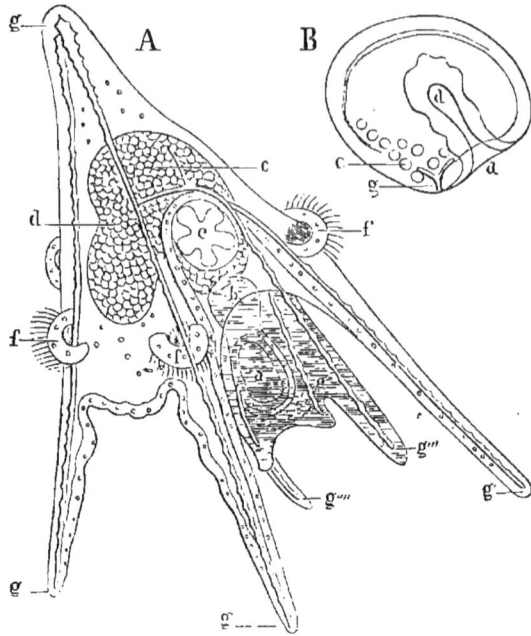

FIG. 68. — Larves d'oursins.

A = larve mobile; grossie 100 fois; = a) bouche; — b) estomac; — c et d) intestin; — e) plaque calcaire appelée *disque échinodermique*; — f) organes ciliés servant à la natation et à la respiration; peut-être les futurs ambulacres; — g, g' g'', g''') tiges calcaires servant de charpente au corps de l'animal.

B = larve âgée de deux jours seulement; = a) bouche; — b) cavité stoma-cale; — c) emplacement de l'intestin; — q) les tiges calcaires à peine déve-loppées.

Il en a été également ainsi pour les fossiles, qui, recons-titués dans leurs caractères, comme Cuvier et d'autres auteurs en avaient donné l'idée, sont venus prendre place dans les cadres zoologiques à côté des espèces vivantes, les seules dont on se fût jusqu'alors préoccupé. Leur découverte, en complétant pour ainsi dire le règne animal, a rendu plus facile la discussion des affinités que les différents groupes ou les genres de chaque groupe ont entre eux. Elle a en même temps conduit le célèbre naturaliste que nous venons de citer à la découverte du principe de la *corrélation des formes*, par lequel nous arrivons à nous faire une idée plus exacte de l'harmonie qui préside à la constitution de chaque être vivant et en fait un tout, dont les différentes parties se commandent pour ainsi dire les unes les autres de manière à assurer son rôle particulier dans la création. En effet, toutes les combinaisons d'organes ne sont pas possibles, et, dans chaque espèce, les différents appareils sont constamment dans un état de corrélation tel que chacun d'eux semble exiger la présence de tous les autres et être à son tour indispensable à leur exercice.

État actuel de la classification. — On a souvent reproché aux classifications les changements qu'elles subissent chaque fois qu'un nouvel auteur s'en occupe; mais on n'a pas suffisamment remarqué, dans ce cas, que ces changements sont nécessités par les progrès mêmes de la science.

Le but de la classification naturelle est de résumer, par la place qu'elle assigne aux divers êtres créés, l'ensemble de nos connaissances sur les particularités qui distinguent ces êtres les uns des autres, et elle en donne à tel point l'expression que le rang d'une espèce dans les cadres établis par elle étant connu, on peut en déduire quelle est la disposition des organes fondamentaux de cette espèce, ainsi que la manière d'être de ses principales fonctions. Dire qu'un animal appartient à tel ordre de mammifères, ou une plante à telle famille des monocotylédones ou des dicotylédones, c'est presque en faire l'histoire.

Mais toutes les espèces n'ont pas encore été également bien observées; diverses particularités de leur développement ou de leur structure anatomique restent à vérifier ou même à étudier; en outre, les espèces qui ont vécu autrefois sont loin de nous être toutes connues, et il y a toujours dans l'histoire des êtres que l'on connaît le mieux des points obscurs ou litigieux dont l'éclaircissement deviendrait une nouvelle cause de progrès pour la science.

Des transformations plus radicales peuvent d'ailleurs avoir

lieu dans la classification si de nouveaux éléments de classement ou un ordre de faits précédemment inconnus atti-
rent l'attention des naturalistes : on en a eu l'exemple lorsqu'on a comparé entre eux les organes des animaux pris
aux différents âges de leur vie, et aussi lorsqu'on a cher-
ché à se rendre compte des différences qui distinguent les
espèces des anciennes périodes géologiques d'avec celles de
l'époque actuelle. Dans ces deux cas, la classification a dû
être modifiée.

Citons comme exemple d'animaux dont la découverte a
amené de semblables changements, les anoplothériums
(fig. 69) et les xiphodons (fig. 70), mammifères fossiles dé-
couverts par Cuvier dans les plâtrières de Montmartre.

FIG. 69. — *Anoplothérium* : genre d'Ongulés fossiles, découvert par Cuvier
dans les plâtrières de Montmartre, près-Paris.

Leurs caractères se sont trouvés intermédiaires à ceux des
ruminants et à ceux de certains Pachydermes du groupe
des cochons et l'on a ainsi été conduit à réunir ces animaux
dans un même ordre, celui des Bisulques. La classe des
reptiles et celle des poissons pourraient nous fournir des
exemples non moins curieux.

Fig. 70. — *Xiphodon;* genre d'Ongulés fossiles, découvert par Cuvier dans les plâtrières de Montmartre.

L'étude des métamorphoses que subissent les êtres vivants et celle des espèces antédiluviennes sont ainsi devenues deux puissants mobiles qui ont largement contribué aux progrès de la zoologie. L'histologie a de son côté fourni de nouveaux moyens de rectification, dont la classification a fait son profit.

Mais ce sont là des perfectionnements pour la plupart fort récents, dont ni Cuvier, ni de Blainville n'ont pu profiter pour améliorer le remarquable édifice qu'on leur doit. Le premier de ces savants est mort en 1832; la science a perdu le second en 1850. Depuis lors, et par le fait même de l'impulsion qu'ils avaient donnée à la zoologie, des découvertes nouvelles ont été accomplies, découvertes dont la classification doit désormais tenir compte, sous peine de cesser d'être l'expression des notions acquises à la science.

Le tableau de la page 10 a déjà donné un premier aperçu de la classification à laquelle nous nous sommes arrêté dans cet ouvrage.

Les animaux y sont divisés en cinq types ou embranchements, dont nous indiquons les noms (*vertébrés, articulés, mollusques*, *rayonnés* et *protozoaires*), en les faisant suivre de la citation des principales classes propres à chacun d'eux.

Trois de ces types ou embranchements sont partagés en sous-embranchements. Ce sont ceux des vertébrés, des articulés et des rayonnés.

Le nombre total des classes que nous avons admises s'élève à 27, savoir : 5 pour les vertébrés, 6 pour les articulés, 6 pour les mollusques, 6 pour les rayonnés et 3 pour les protozoaires.

Dans sa distribution naturelle des animaux, Cuvier n'avait énuméré que dix-neuf classes en tout.

CHAPITRE VI.

DIVISION DES ANIMAUX EN CINQ GRANDS TYPES
OU EMBRANCHEMENTS.

Le règne animal, envisagé conformément aux principes de la méthode naturelle, en tenant compte des différences d'organisation les plus importantes que présentent ses nombreuses espèces, peut être partagé en cinq divisions primordiales, appelées types ou embranchements. Ces embranchements sont parfaitement distincts les uns des autres; leur séparation repose sur des caractères d'une valeur considérable et chacun d'eux comprend un certain nombre de classes dont nous avons donné l'énumération dans le tableau de la page 10. Il y a en tout 27 classes principales.

Toutes les espèces d'un même embranchement du règne animal affectent, dans leur forme générale, dans la disposition particulière de leurs parties et jusque dans leur mode de développement, des dispositions communes, constituant les grands traits de leur organisation, ce qui peut faire considérer chacun de ces embranchements comme formant un ensemble parfaitement naturel et en même temps indépendant de tous les autres.

Il est d'ailleurs aisé de les sous-diviser, en tenant compte des particularités de moindre valeur qui en caractérisent les différentes formes secondaires. On arrive ainsi à établir la classification intérieure de chaque embranchement d'une manière parfaitement hiérarchique, et comme les embranchements se subordonnent aussi les uns aux autres, conformément au degré plus ou moins élevé de leur organisation respective, cela permet de placer en première ligne les vertébrés et parmi eux l'homme ainsi que la classe des mammifères et d'assigner ensuite à chacun des autres groupes la place qui lui appartient réellement.

En effet, il est facile de voir que si les animaux envisagés dans l'ensemble des principales familles qu'ils constituent présentent des caractères communs par lesquels ils se distinguent des végétaux, il y a certains aggroupements à établir entre eux et que ces catégories ne reposent pas seulement sur des différences mais aussi sur des rapports que les espèces comprises dans chaque grande division naturelle ont entre elles.

Le système nerveux affecte des dispositions particulières, si on l'envisage dans les animaux de chaque embranchement, et d'autres caractères viennent se joindre à ceux qu'il fournit pour démontrer la réalité des types ou embranchements.

Que l'on compare un chien ou tout autre mammifère à un oiseau, à un reptile, à un batracien ou à un poisson; que l'on mette ensuite en regard les organes d'un insecte, d'un millepied, d'un crustacé, d'une arachnide ou d'un ver; ceux d'un poulpe ou d'une seiche et ceux d'un colimaçon, d'une pourpre, d'une huître ou d'une ascidie; ceux enfin d'un oursin et d'une étoile de mer ou bien encore d'une actinie, d'une hydre et d'une méduse, et l'on verra que dans ces différents cas les traits généraux de l'organisation restent les mêmes dans les animaux d'une même série. Ainsi les différences qui séparent les animaux sont de moindre valeur pour ceux d'un même type que les ressemblances qui les unissent. On peut donc suivre un même organe dans l'ensemble des espèces propres à chacune de ces divisions primordiales, et en démontrer les analogies, sans en être empêché par les particularités qu'il affecte, ou les usages auxquels il sert. C'est ainsi que l'on reconnaît dans l'ensemble des animaux de chaque type un plan général d'après lequel leur structure anatomique semble avoir été établie.

Geoffroy Saint-Hilaire appelait cela l'unité de composition, et en effet il est bien évident que si l'intensité des ressemblances qui rattache les espèces les unes aux autres varie suivant que l'on prend des animaux appartenant à un même type ou bien des animaux de types différents, ces variations s'opèrent sur un fond commun et que les traits principaux de l'organisme restent les mêmes. Cependant entre des espèces de même classe comparées entre elles, la ressemblance est plus grande qu'entre celles qui sont simplement de même type tout en étant de classe différente, et, sauf quelques particularités secondaires, on arriverait à l'identité si dans cette comparaison on se bornait à des animaux de même genre ou mieux encore à des individus de même espèce pris au même âge.

Les types primordiaux ou embranchements sont, comme on l'a dit, les formes primitives de l'animalité, et ils ont été comparés, avec assez de justesse, aux six systèmes des formes cristallines, dites formes primitives, que la minéralogie nous fait connaître. Les classes, les familles, etc., et jusqu'aux espèces que chacune d'elles comprend, en sont les formes dérivées ou les formes secondaires; car, tout en étant pourvues de caractères très-variés d'organisation, ces catégories secondaires relèvent cependant pour chaque type ou embranchement d'un même plan général ou système d'organisation.

L'étude des cinq embranchements, que nous aborderons, avec plus de détail, dans les autres volumes de ce traité élémentaire de zoologie, nous en fera mieux comprendre les particularités distinctives; elle servira aussi à confirmer ces remarques préliminaires. Nous pouvons donc nous borner pour le moment à reproduire les noms de ces embranchements, et à exposer d'une manière sommaire leurs caractères principaux en suivant l'ordre adopté dans le tableau déjà cité.

Les cinq embranchements ou types de l'animalité sont les

vertébrés, les *articulés* ou annelés, les *mollusques*, les *ra-diaires*, appelés aussi rayonnés ou zoophytes, et les *proto-zoaires*.

Nous n'aborderons ici que leur distribution en classes, nous réservant d'indiquer ailleurs les groupes les plus re-marquables compris dans chacun d'eux, en ayant soin de si-gnaler alors les espèces utiles qui s'y rapportent et les prin-cipaux produits ou les services que l'on en tire.

Les animaux des trois premiers embranchements ont cela de commun que les différentes parties de leur corps, aussitôt que l'œuf qui les fournit a commencé à se déve-lopper, sont disposées symétriquement de chaque côté d'un plan fictif qui les diviserait à droite et à gauche en deux séries d'organes ou de portions d'organes, inversement cor-respondantes l'une à l'autre. Ils se distinguent d'ailleurs entre eux parce que les plus parfaits, ou les *vertébrés*, ont un squelette intérieur, servant de charpente à la masse de leur corps, tandis que d'autres appelés *articulés* manquent de ce squelette, mais ont le corps en apparence formé d'arti-cles ou anneaux successifs, et que les derniers, ou les *mollusques*, ont le corps mou, sans squelette intérieur, ni articulations extérieures. Ce sont là les trois embran-chements supérieurs du règne animal; leur organisation est plus parfaite que celle des deux embranchements qui suivent.

Chez les animaux du quatrième embranchement ou les *rayonnés*, la symétrie des organes est différente. C'est par rapport à un axe médian et non par rapport à un plan sé-cant longitudinal qu'ils sont disposés. Il en résulte une ré-pétition de ces organes autour de l'axe central du corps, comparable à celle des rayons d'un cercle, d'un cylindre ou d'une étoile. C'est ce qui a valu à ces animaux la dénomi-nation de rayonnés. Les oursins, les étoiles de mer et les actinies nous en montrent des exemples bien connus.

Aux degrés inférieurs de l'échelle zoologique, et comme constituant un cinquième embranchement, se placent les *protozoaires*. Leur nom rappelle la simplicité de leur or-

ganisation[1]. Ils sont pour ainsi dire réduits à l'état de cel
lules isolées ou de cellules semblables entre elles lorsqu'elles
sont associées en une masse commune, et, leurs tissus étant
alors fréquemment de nature sarcodique, il est difficile d'y
reconnaître des organes dictincts les uns des autres.

Aussi ne trouve-t-on plus de système nerveux chez ces
animaux et la confusion du travail physiologique paraît être
arrivée chez eux à sa dernière limite, tandis qu'en remontant
la série des êtres on voit les fonctions se multiplier et devenir plus complexes en même temps que les organes ou
agents de la vie deviennent aussi plus distincts, plus nombreux et plus compliqués dans leur structure.

C'est pourquoi, tandis que les protozoaires se rapprochent, par leur organisation, des plantes les plus simples,
c'est vers la perfection caractéristique de l'organisme humain que tendent les classes supérieures, plus particulièrement les mammifères, animaux qui constituent, en effet,
la division la plus élevée de tout le règne animal et celle
qui doit être placée en tête de toutes les autres.

---

1. *Protos*, premier, élémentaire; *Zôon*, animal. On s'était d'abord
contenté de les appeler « animaux les plus simples; » ils avaient aussi
reçu le nom de *sphérozoaires*, par allusion à la forme plus ou moins
sphérique de leur corps.

CHAPITRE VII.

ANIMAUX VERTÉBRÉS.

Caractères généraux. — Les vertébrés forment le premier embranchement de la série zoologique. Ils se font particulièrement remarquer par la supériorité de leur structure anatomique ainsi que par la perfection de leurs actes physiologiques. Leur corps est quelquefois annelé à l'extérieur,

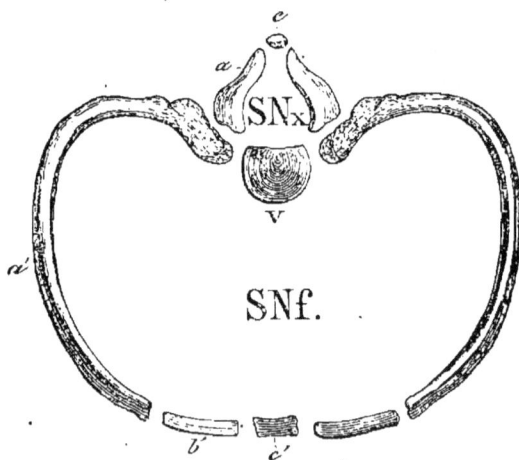

Fig. 71. — Un *Ostéodesme* ou l'un des articles osseux composant le squelette. = sɴx est le trou rachidien ou médullaire formé par l'arc supra-vertébral constituant les apophyses épineuses ; — sɴf) est le trou viscéral formé par l'arc infra-vertébral résultant de la réunion des côtes et du sternum ; — v) est le centre vertébral ou corps de la vertèbre.

de manière à rappeler celui des animaux dits articulés, mais chez eux ce caractère n'est qu'accidentel, et, ce qui doit les faire séparer comme division primordiale, c'est qu'ils présentent toujours un squelette intérieur, comparable à celui de l'homme, tandis que cette disposition ne se retrouve jamais chez les autres animaux.

Ce squelette a pour axe la série des pièces nommées centres ou corps vertébraux (fig. 71 et 72); il comprend en outre la tête, les parties concourant avec les vertèbres à constituer la cage thoracique ainsi que la queue ou coccyx (fig. 73). Les membres sont également soutenus par des parties squelettiques (fig. 36 à 43), mais qui ne relèvent pas de la composition vertébrale.

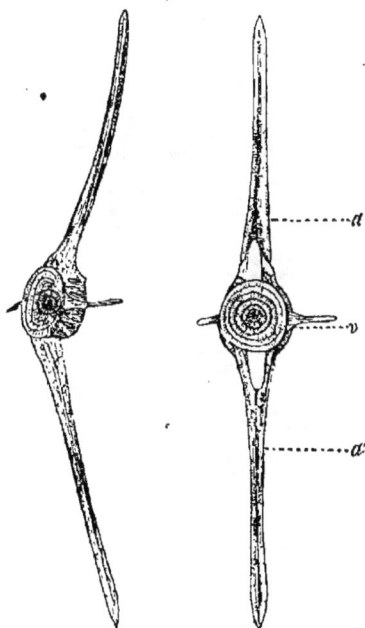

Fig. 72. — Vertèbre caudale de Poisson (*Limande*). — Ses deux arcs supérieur et inférieur sont à peine différents l'un de l'autre par leur forme et par leurs dimensions.

Que le squelette soit osseux, cartilagineux ou même simplement fibreux, on peut toujours y reconnaître une succession de segments résistants analogues à ceux dont les vertèbres forment la partie essentielle et que nous avons appelés des ostéodesmes. Des arcs squelettiques (fig. 71), les uns supérieurs aux corps vertébraux, les autres inférieurs aux mêmes corps, complètent ces segments et ser-

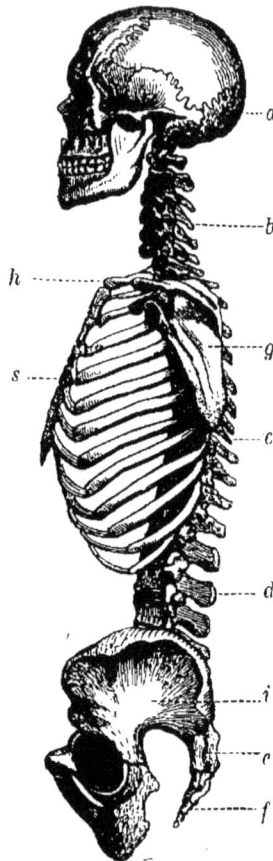

FIG. 73. — *Squelette humain* ; os de la tête et du tronc.= *a*) crâne ; — *b*) les 7 vertèbres cervicales ; — *c*) les 12 vertèbres dorsales ; — *a*) les 6 vertèbres lombaires ; — *e*) sacrum ; — *f*) coccyx ; — *g*) omoplate ; — *h*) clavicule ; — *s*) sternum ; — *i*) os innominé formant le bassin par sa réunion avec le sacrum.

vent à la protection des viscères. Les premiers ou les supérieurs logent les centres nerveux, c'est-à-dire le cerveau et la moelle épinière (fig. 71 *snx*); les seconds forment une sorte de cage plus vaste dans une grande partie de son étendue et dont la cavité thoraco-abdominale fait partie; c'est dans ces arcs sous-vertébraux (fig. 71 *snf*) que prennent place les viscères de la nutrition, tels que le tube digestif, le cœur, les gros vaisseaux artériels et veineux, ainsi que les organes respiratoires, les reins et les organes internes de la reproduction. Dans certains cas, particulièrement à la queue ou coccyx, les arcs supérieur et inférieur des vertèbres sont égaux entre eux; c'est ce que l'on voit très-bien à la queue des poissons (fig. 72).

Le système nerveux central des vertébrés est toujours encéphalo-rachidien (fig. 74), c'est-à-dire composé d'un cerveau ou encéphale et d'une moelle épinière, donnant naissance aux différents nerfs de la vie de relation.

Ce système encéphalo-rachidien est placé au-dessus des organes de la nutrition et séparé de ces derniers par la série des centres vertébraux qui constituent l'axe solide du corps. Le crâne et les arcs supérieurs de la colonne vertébrale lui fournissent une enveloppe protectrice dans lequel il est renfermé comme dans un étui (fig. 75).

Le cerveau des mêmes animaux se compose de quatre parties diversement développées suivant les groupes que l'on étudie : ce sont les lobes olfactifs ; les hémisphères cérébraux, surtout considérables chez les vertébrés qui ont le plus d'intelligence ; les tubercules quadri-jumeaux ou lobes optiques et le cervelet. Ces divisions de l'encéphale sont plus faciles à séparer les unes des autres chez les reptiles (fig. 53), les batraciens et les poissons, que chez les mammifères (fig. 50 et 51) ou les oiseaux (fig. 52), ce qui tient à la moindre perfection du cerveau des premiers de ces animaux.

FIG. 74 A et B. — Système nerveux céphalo-rachidien du *Pigeon*. = *b*) hémisphères cérébraux ; — *c*) lobes optiques ; — *d*) cervelet ; — *ff*) moelle épinière ; — *nc*) nerfs cervicaux fournis par la moelle ; — *nd*) nerfs dorsaux ; — *nls*) nerfs lombaires et sacrés ; — *nc*) nerfs coccygiens ; — *g*) plexus brachial forme par une partie des nerfs cervicaux inférieurs et dorsaux supérieurs ; — *h*) plexus lombaire ; — *i*) plexus sacré ; — *k*) ventricule lombaire.

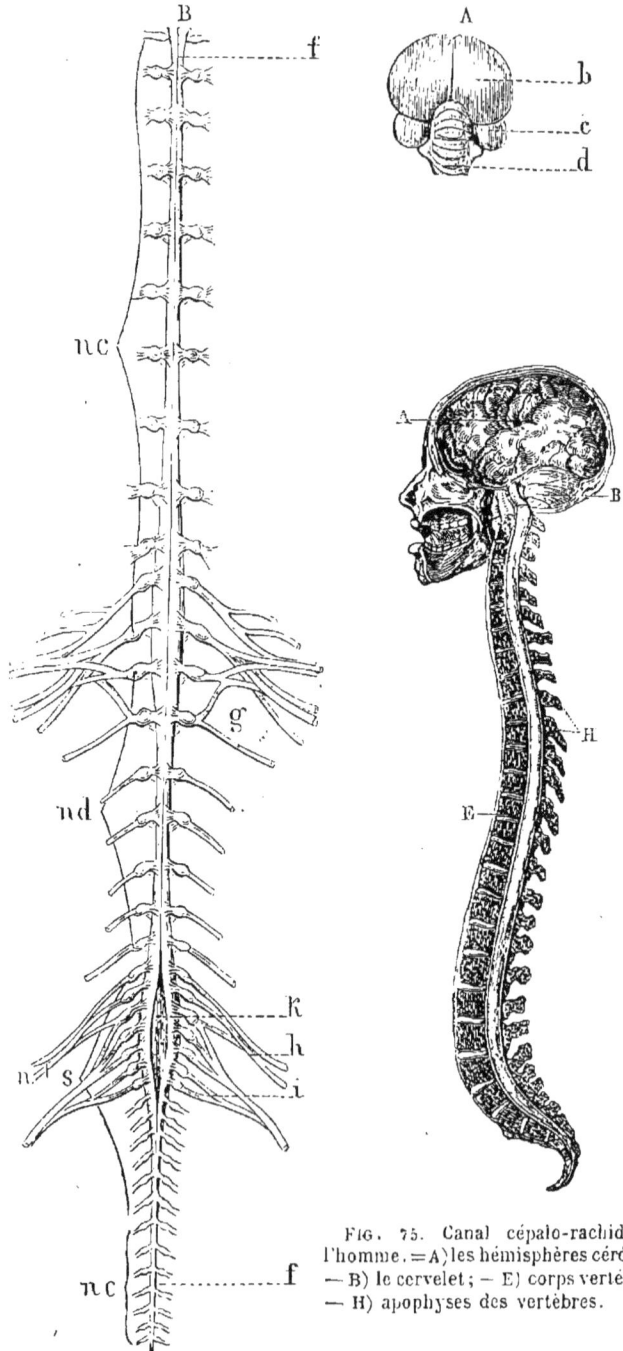

FIG. 75. Canal cépalo-rachidien de l'homme. = A) les hémisphères cérébraux; — B) le cervelet; — E) corps vertébraux; — H) apophyses des vertèbres.

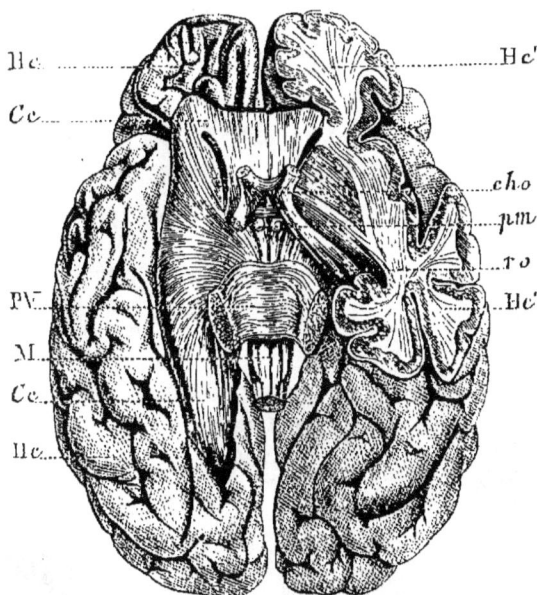

FIG. 76. — Cerveau humain ; vu en dessous ; = *hc, hc'*) hémisphères cérébraux du côté gauche ; — *hc', hc'*) hémisphères droits, entamés en deux points
pour montrer la substance blanche et la substance grise qui l'enveloppe ; —
cc, cc) corps calleux ; — *cho*) chiasma ou entrecroisement des nerfs optiques ;
— *pm*) protubérances mamillaires ; — *ro*) racines des nerfs optiques ou corps
genouilliers ; — *pv*) pont de Varole, dont on a coupé les pédoncules allant au
cervelet ; — *m*) moelle allongée.

Chez l'homme, espèce supérieure à toutes les autres par
son intelligence, le cerveau a un volume proportionnellement plus considérable que chez les autres animaux ; et il
est surtout développé dans ses hémisphères ou lobes de la
seconde paire (fig. 76) qui en sont les parties essentiellement
affectées aux fonctions intellectuelles.

L'orang-outan (fig. 77) est déjà très-inférieur à l'homme
sous ce rapport. Nous avons donné à la p. 82 la figure de
son cerveau, qu'il sera facile de comparer avec celui de
l'espèce humaine (fig. 76).

FIG. 77. — *Orang-outan*, jeune.

L'éléphant, tout en étant un des mammifères les plus intelligents, diffère beaucoup plus de l'homme par la con-

formation de son encéphale quoiqu'il ait cet organe bien
plus volumineux que ne l'a l'homme lui-même.

Fig 78. — Éléphant d'Asie.

La moelle épinière ou moelle rachidienne fait suite à
l'encéphale ; elle fournit, comme ce dernier, des nerfs de
sensibilité générale et des nerfs de mouvement (fig. 74,
79 et 80 ff), mais point de nerfs de sensibilité spéciale
comme il s'en rend aux yeux, aux oreilles et au nez.

Réduite à sa partie médullaire, elle forme un cordon
nerveux, plus ou moins allongé, suivant les espèces, placé
en arrière du bulbe rachidien qu'il continue et logé dans la
partie du canal vertébral qui fait suite au crâne.

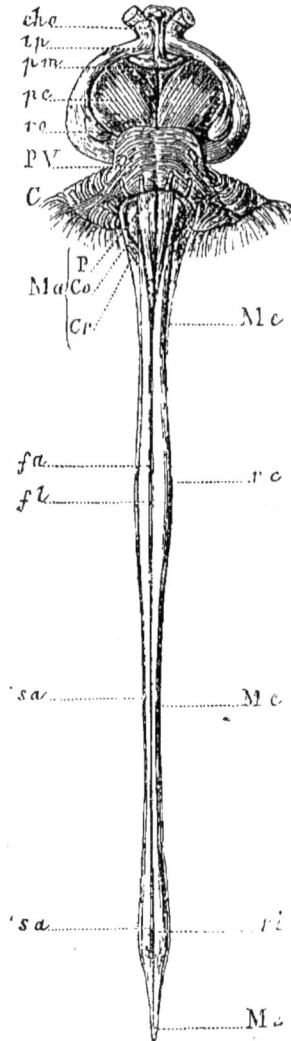

FIG. 79.—Partie centrale du cerveau et moelle épinière ; vues en dessous ; = *ch o*) chiasma des nerfs optiques ; — *pc*) pédoncules du cerveau ; — *ro*) racines optiques ; — *pv*) pont de Varole ; — *c*) portion du cervelet ; — *ma*) moelle allongée, montrant : *p*) les pyramides ; — *co*) les corps olivaires ; — *cr*) les corps restiformes. — *me, me, me*) les trois rétrécissements principaux de la moelle épinière ; — *rc*) son renflement cervical ; — *rl*) son renflement lombaire ; — *fa*) faisceau antérieur de la moelle ; — *fl*) faisceau latéral ou moyen (le faisceau postérieur ne se voit pas sur cette figure) ; — *sa, sa*) sillon antérieur.

Il sera facile de se faire une idée du système encéphalo-radichien des vertèbres ainsi que des nerfs qu'il fournit en en faisant la préparation anatomique sur une grenouille (fig. 80).

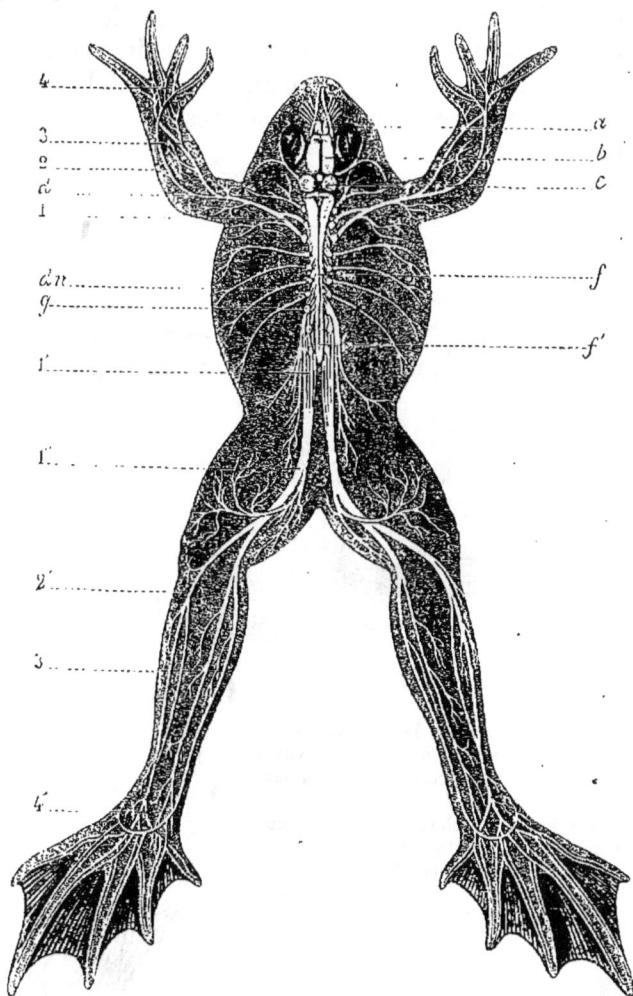

FIG. 80. — Système nerveux de la *Grenouille* (encéphale et nerfs de la vie de relation); vus par la face dorsale ; - *a*) lobes olfactifs ; — *b*) hémisphères céré-braux ; — *c*) lobes optiques ; — *d*) cervelet ; — *ff*) moelle épinière ; — *g*) gan-glions intervertébraux ; — 1 à 4) nerfs des membres antérieurs ; — 1') racines des nerfs cruraux ; — 1'') nerfs cruraux ; — 2', 3' et 4') leur distribution dans les membres postérieurs.

Les vertébrés ont tous un grand sympathique, partie du système nerveux essentiellement affectée aux actes de la vie de nutrition, et placée, comme les organes qui sont chargés d'en exécuter les fonctions dans la grande cage osseuse formée par la partie thoraco-abdominale du squelette au-dessous des centres vertébraux. Il agit sans que les centres nerveux de la vie de relation, c'est-à-dire, le cerveau et la moelle épinière aient conscience des actes dont il a la direction.

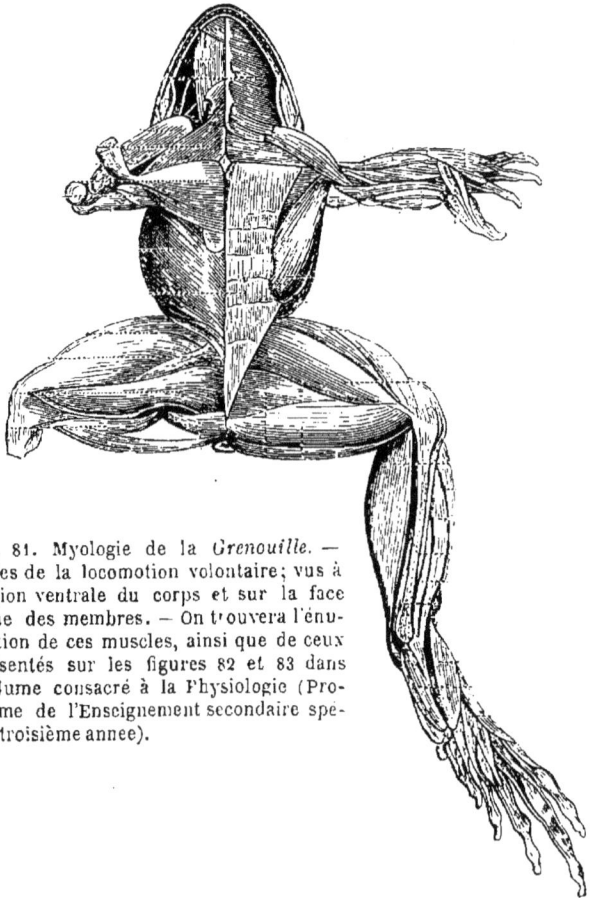

FIG. 81. Myologie de la *Grenouille.* — Muscles de la locomotion volontaire; vus à la région ventrale du corps et sur la face interne des membres. — On trouvera l'énumération de ces muscles, ainsi que de ceux représentés sur les figures 82 et 83 dans le volume consacré à la Physiologie (Programme de l'Enseignement secondaire spécial; troisième année).

Ces animaux possèdent les cinq sens : toucher, goût, odorat, vue et ouïe, et leur système musculaire de la vie de relation, qui est très-développé, prend sur le squelette des points d'appui qui lui rendent plus facile l'exercice des mouvements volontaires à l'accomplissement desquels il est destiné (fig. 81 à 83.)

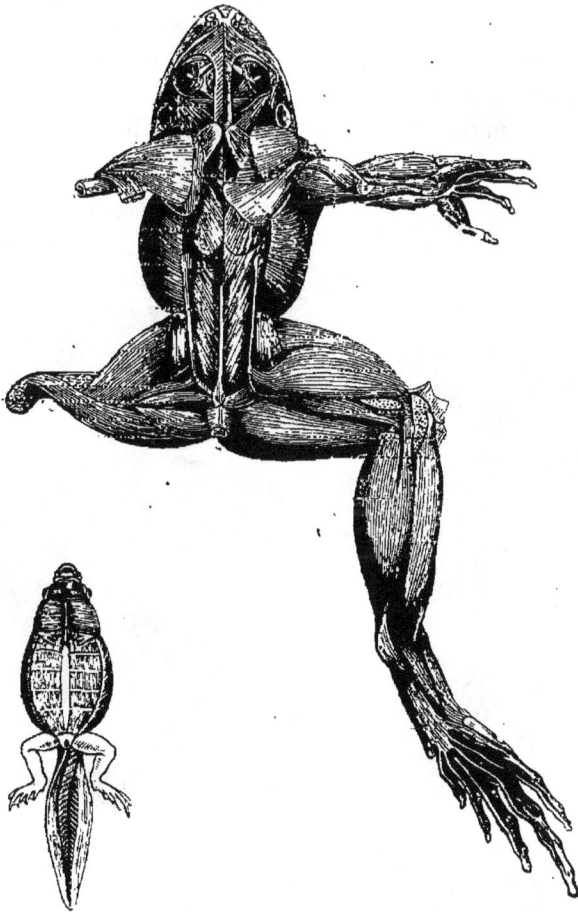

FIG. 82. — Muscles du têtard de la *Grenouille*.

FIG. 83. — Muscles de la *Grenouille*. Région supérieure du corps et face externe des membres.

Les vertébrés ont les membres soutenus comme l'est lui-même le tronc, par des parties du squelette. Le nombre de ces membres n'est jamais supérieur à deux paires.

Les moitiés droite et gauche des mâchoires se soudent habituellement entre elles, comme les côtes ou le bassin le font de leur côté pour constituer la cage thoraco-abdominale; mais les mâchoires ou arcs infra-vertébraux du crâne jouissent d'une mobilité plus grande que les côtes dont elles semblent être les homologues ; en outre leurs mouvements sont verticaux au lieu d'être latéraux comme ceux des mâchoires des animaux articulés, chez lesquels ces organes restent en partie disjoints.

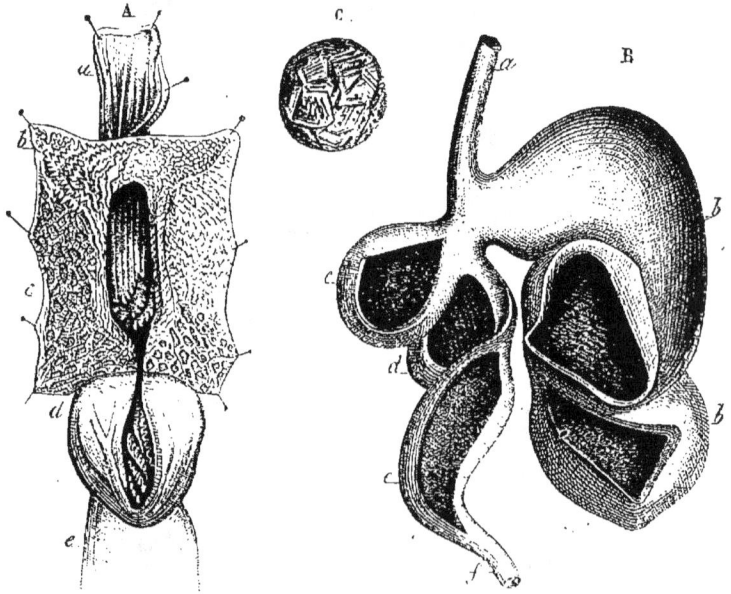

FIG. 84. — Estomac du *Mouton*.

A = a) la partie inférieure de l'œsophage ouverte ; — b et c) panse et bonnet, ouverts pour montrer la gouttière ou rainure qui facilite la rumination ; — d) le feuillet, fendu longitudinalement ; — e) la caillette.

B = a) œsophage ; — bb) la panse, divisée en deux compartiments ; — c) le bonnet ; — d) le feuillet ; — e) la caillette ; — f) commencement du duodénum

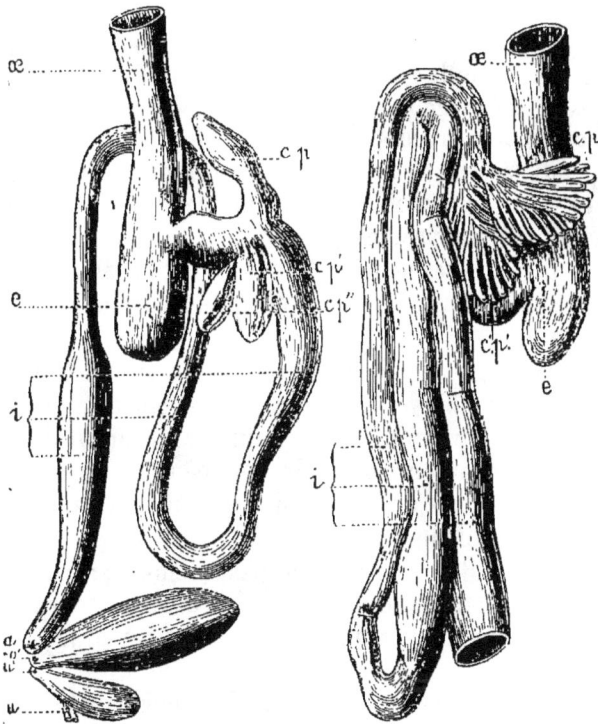

FIG. 85. — Tube digestif de la
Perche. = œ) œsophage ; — e) estomac ; — cp, cp', cp″), cœcums pyloriques ; — i) intestins ; —o) anus ;
— o) orifère génital ; — u (orifice de
l'urètre et du sac vésical.

FIG. 86. — Tube digestif du *Ma-
quereau.* = œ) œsophage ; — e) estomac ; — cp, cp') cœcums pyloriques ;
— i) intestins.

Tous les vertébrés, sans exception, ont le canal intestinal complet (fig. 11, c, 24, 34, 85 et 86), c'est-à-dire pourvu
de deux orifices terminaux, la bouche et l'anus, et ce canal est plus ou moins modifié sur son trajet, de manière à ce que les différences de diamètre qu'il présente
soient en rapport avec la diversité des fonctions dont il est
chargé.

On y distingue, du moins, dans la majorité des espèces,

un œsophage, un estomac, un intestin grêle et un gros intestin.

L'estomac de certaines espèces peut présenter une complication exceptionnelle; tel est le cas des ruminants (fig. 84) celui des cétacés, etc.

L'estomac de beaucoup de poissons (fig. 85 et 86) porte des appendices cæcaux à sa partie pylorique; ces appendices sont plus ou moins nombreux suivant les espèces. On leur a donné le nom de cæcums pyloriques.

C'est à tort que ces petits culs-de-sac ont été assimilés au pancréas par quelques auteurs, puisqu'ils existent en même temps que lui.

Les organes glandulaires placés sur le trajet du tube intestinal des animaux vertébrés présentent une complication en rapport avec le rang que ces animaux occupent dans la série zoologique, et leurs mâchoires ou même d'autres pièces osseuses situées près de leur orifice buccal sont habituellement garnies de dents.

La structure des dents n'est pas moins particulière ; aussi l'examen attentif qu'on en a fait dans ces dernières années a-t-il conduit les naturalistes à des remarques fort intéressantes.

La forme de ces organes ainsi que leur mode de répartition méritent également une attention particulière, et l'on a pu voir, par les figures que nous en avons déjà données, tout le parti que l'on peut en tirer dans la classification.

Le cœur des animaux vertébrés est formé d'un nombre variable de cavités (quatre, trois ou deux), dites oreillettes et ventricules.

Il y a deux oreillettes et deux ventricules chez les mammifères (fig. 87 et 88) et les oiseaux.

Deux oreillettes et un ventricule plus ou moins séparé en deux chez les reptiles (fig. 89 et 90), et les Batraciens.

Enfin une oreillette et un ventricule chez les Poissons dont le cœur ne répond plus qu'à la partie droite du cœur de l'homme et des vertébrés supérieurs.

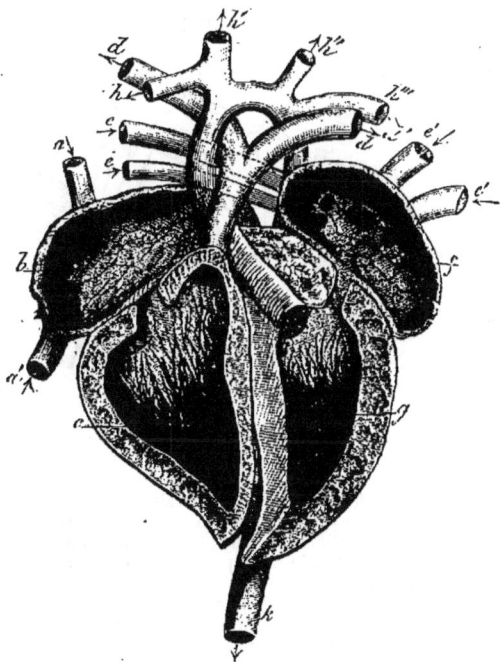

FIG. 87. — Cœur et principaux vaisseaux sanguins d'un mammifère (figure théorique ; les valvules n'y sont pas représentées). = a et a') veines caves supérieure et inférieure ; — b) oreillette droite ; — c) ventricule droit ; — d, d') artères pulmonaires ; — e, e') veines pulmonaires droites et gauches ; — f) oreillette gauche ; — g) ventricule gauche ; — h, h', h'', h''', artère aorte et ses divisions ; — k) aorte descendante.

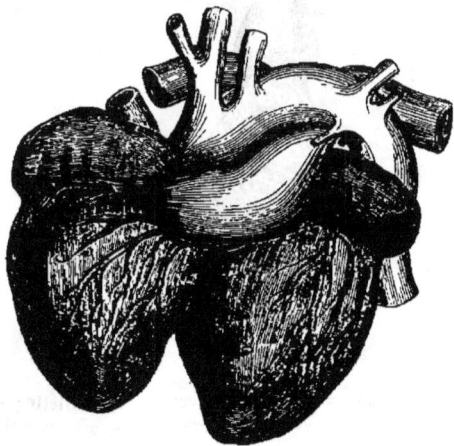

FIG. 88. — Cœur de Dugong. — Les ventricules droit et gauche restent disjoints.

9

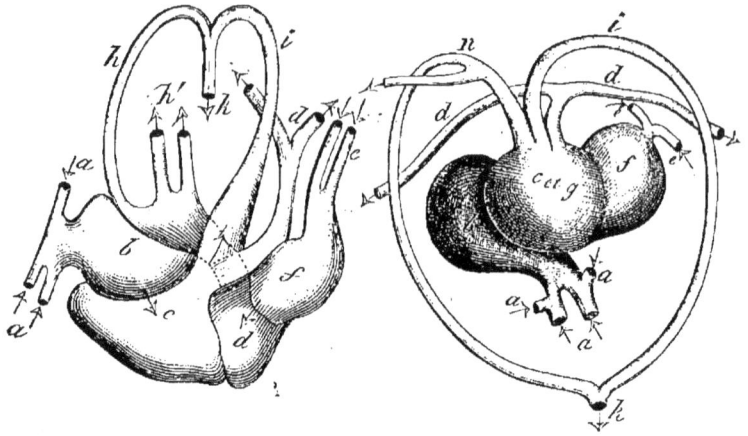

FIG. 89. — Cœur du *Crocodile* et ses principaux vaisseaux; = *aa*) veines caves; — *b*) oreillette droite; — *c*) ventricule droit; — *d*) artère pulmonaire;
— *e*) veine pulmonaire; — *f*) oreillette gauche; — *g*) ventricule gauche, presque entièrement distinct du ventricule droit; — *h*) aorte; — *h'*) tronc cépha-
lique de l'aorte; — *i*) canal artériel.

FIG. 90. — Cœur de *Tortue*; = *a, a, a*) veines caves; — *b*) oreillette droite
— *c* et *g*) ventricules droit et gauche communiquant entre eux et formant un
ventricule en apparence unique; — *d, d*) artères pulmonaires; — *e, e*) veines pulmonaires; — *f*) oreillette gauche; — *g*) ventricule gauche confondu
avec le ventricule droit; — *h*) aorte; — *i*) canal artériel; — *k*) jonction du canal artériel avec l'aorte descendante.

FIG. 97. — Cœur du *Thon*; = *a*) veines caves; — *b*) oreillette; — *c*) ventricule, ouvert pour montrer les valvules sigmoïdes; — *d*) ces valvules; —
e) bulbe artériel.

Le sang des vertébrés est rouge, du moins dans la presque totalité des espèces de cet embranchement; ce sont les globules et non le plasma qui lui donnent sa couleur. Il circule dans un système clos de vaisseaux et il existe, dans tous les points du corps de ces animaux où s'opère la nutrition, ainsi que dans les poumons ou les branchies, organes de la respiration, des vaisseaux capillaires (fig. 92 c), placés entre les dernières ramifications des artères et les premières divisions des veines. Les vertébrés ont aussi des vaisseaux lymphatiques et des vaisseaux chylifères.

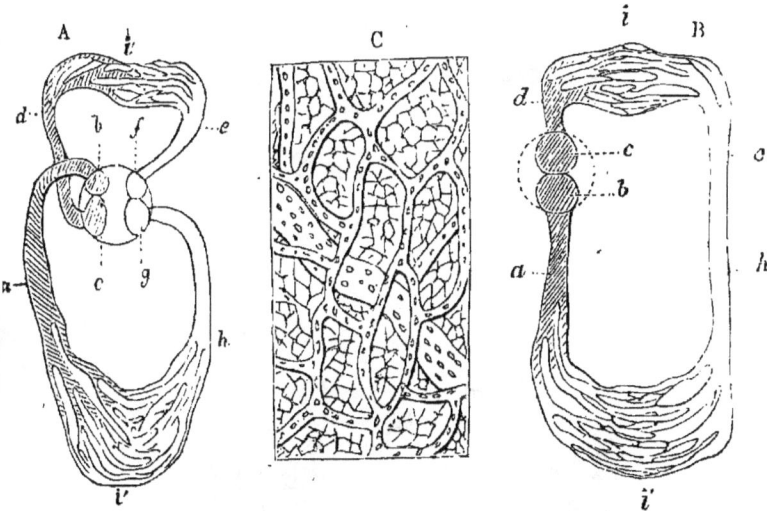

FIG. 92. — Figures théoriques de la circulation.

A — Circulation des Mammifères et des Oiseaux : cœur à quatre cavités ; = a) le système des veines générales ; — b) oreillette droite ; — c) ventricule droit ; — d) artère pulmonaire ;— e) veines pulmonaires ; — f) oreillette gauche ; — g) ventricule gauche ; — h) système artériel aortique ; — i) vaisseaux capillaires du poumon ou de la petite circulation, siège de l'hématose ; — i') vaisseaux capillaires des différentes parties du corps ou de la grande circulation.

B — Circulation des Poissons : cœur à deux cavités ; = a) le système des veines générales ; — b) oreillette unique répondant à l'oreillette droite des Mammifères et des Oiseaux ; — c) ventricule unique répondant au ventricule droit des mêmes animaux ; — d) artère branchiale répondant à leur artère pulmonaire ; — e) système aortique ; — i) vaisseaux capillaires des branchies ; siège de l'hématose ; — i') vaisseaux capillaires des différentes parties du corps.

C — Portion du parenchyme d'un organe ; pour montrer le réseau anastomotique des vaisseaux capillaires et les globules sanguins qui traversent ces vaisseaux.

On ne connaît d'exception bien certaine en ce qui concerne la couleur du sang, que celle du branchiostome (fig. 93 et 94) vertébré d'une organisation très-inférieure, appartenant à la classe des poissons, chez lequel le cœur est réduit à un simple point pulsatile, où l'on ne distingue plus ni oreillette, ni ventricule. Le branchiostome a le sang incolore; de plus, son cerveau se sépare à peine de la moelle épinière par ses dimensions (fig. 94). Ce singulier poisson est le moins parfait de tous les vertébrés, et sous ce rapport son étude offre un intérêt particulier.

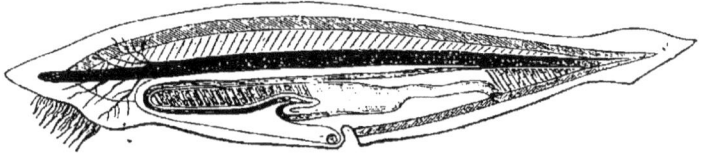

FIG. 93. — *Branchiostome;* figure grossie.

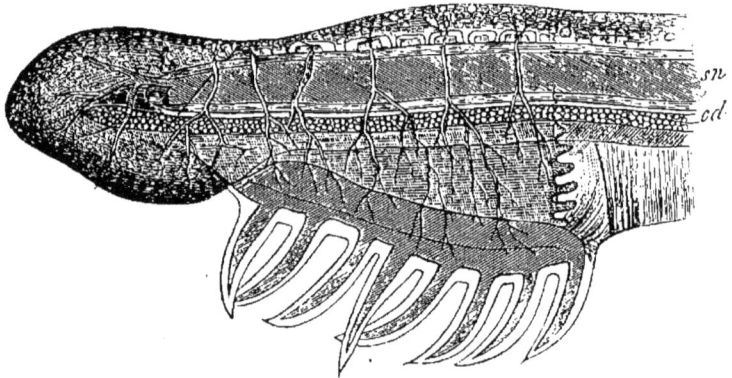

FIG. 94. — Tête et partie antérieure du corps du *Branchiostome;* = *sn*) système nerveux encéphalo-rachidien, donnant naissance à plusieurs paires de nerfs; ceux de l'œil et de l'oreille sont très-courts; le cerveau ne se distingue pas de la moelle; — *cd*) corde dorsale ou premier élément de l'axe vertébral. Les tentacules buccaux forment huit paires de denticules ou franges placées à la partie inférieure de la tête autour de la bouche.

Quant aux organes de la respiration des vertébrés, ce sont
tantôt des poumons (fig. 25 *a*, 95 et 96), tantôt des branchies

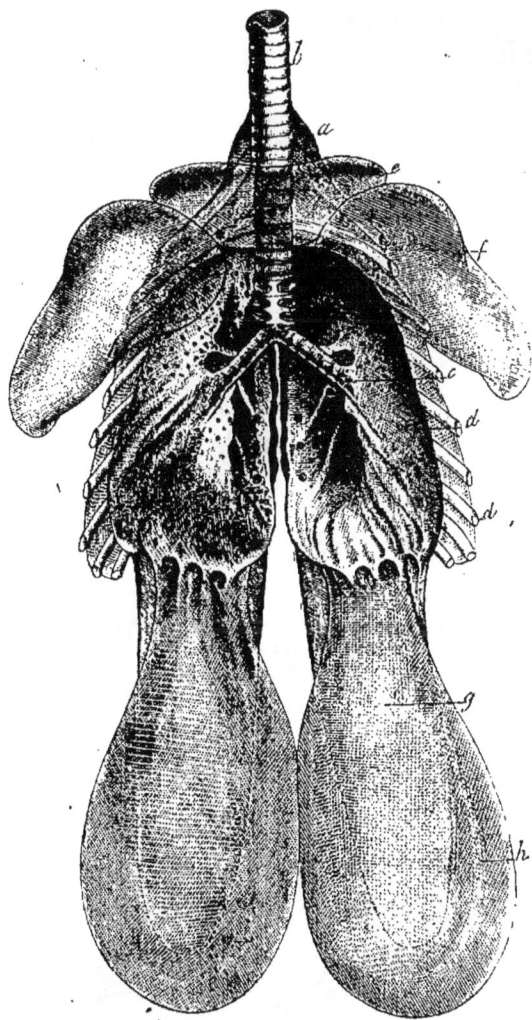

FIG. 95.— Appareil respiratoire de la *Poule* ; = *a*) les premières côtes ; — *b*)
trachée artère ; — *c*) bronches ; — *d*) parenchyme pulmonaire ; — *e*) sac aérien
de la région claviculaire ; — *f*) sacs aériens de l'épaule ; — *g* et *h*) grands sacs
aériens de l'abdomen.

(fig. 11A et 97), suivant que ces animaux tirent directement
l'oxygène de l'air atmosphérique ou qu'ils le prennent à l'air
en dissolution dans l'eau ; mais dans l'un et dans l'autre
cas, leur appareil respiratoire est constamment en rapport avec le commencement du tube digestif.

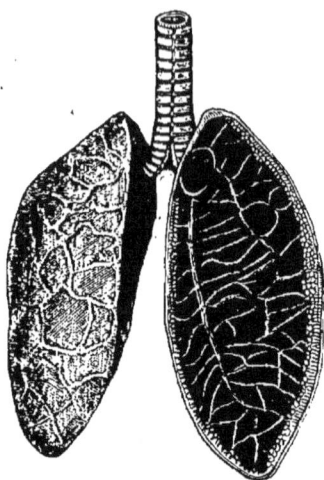

FIG. 96. — Trachée artère et poumons de l'*Ameiva* (genre de Reptiles
de l'ordre des Sauriens).

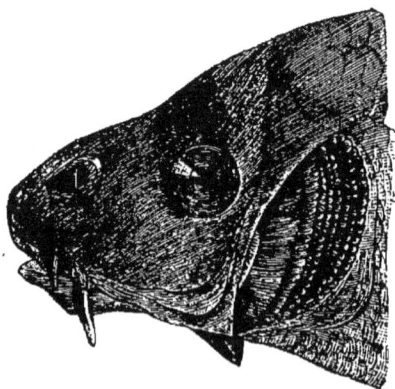

FIG. 97.—Tête de *Carpe* dont on a coupé l'opercule gauche pour montrer
les branchies.

Les mammifères (fig. 25), les oiseaux (fig. 95) et les reptiles (fig. 96) ont des poumons et les poissons des branchies
(fig. 97). Les poumons des oiseaux sont en rapport avec
des sacs aériens qui permettent l'inspiration d'une plus
grande quantité d'air.

Les batraciens respirent d'abord par des branchies (fig.
11 A), ensuite par des poumons ; certains d'entre eux ont à

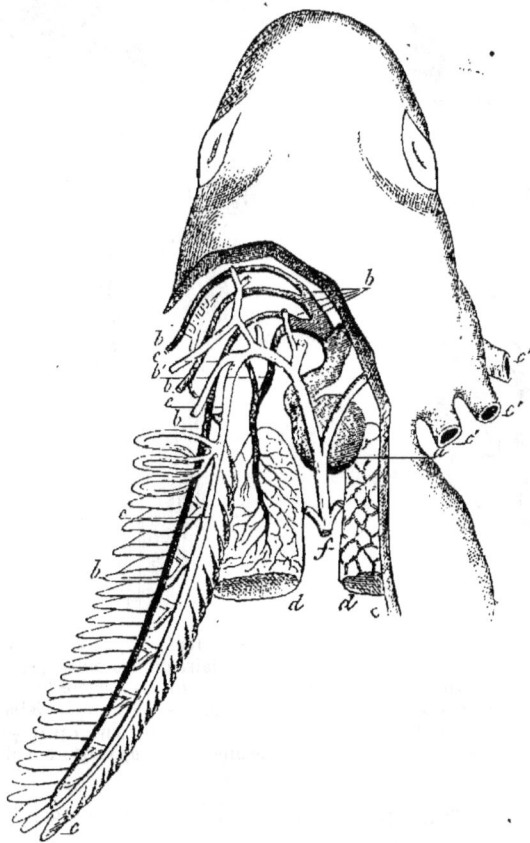

FIG. 98. — Circulation dans la *larve du Triton ;* = a) ventricule unique du
cœur ; — *bb*) branches gauches de l'artère branchiale ; — *b'*) rudiment de l'artère pulmonaire ; — *c*) l'une des trois branchies du côté gauche ; — *c'c'c'*
l'insertion des trois branchies du côté droit ; — *ee*) veines qui ramènent le
sang des branchies au système aortique avant l'entier développement des
veines pulmonaires ; — *dd*) poumons.

la fois des organes respiratoires de ces deux sortes (fig. 98), et l'on retrouve la même particularité chez quelques poissons.

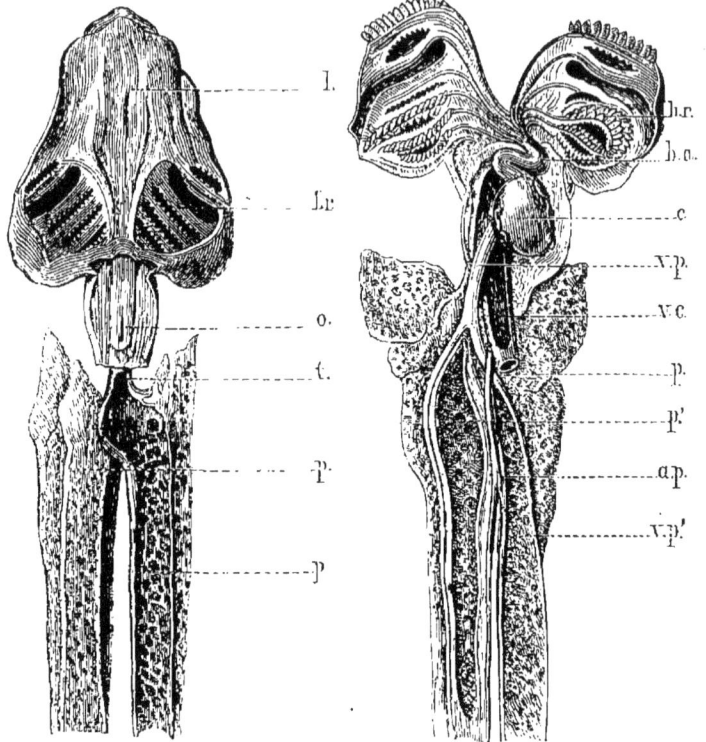

FIG. 99 — Appareil respiratoire du *Protoptère* ou Lépidosirène d'Afrique; = *l*) langue et cavité buccale ; — *br*) branchies et fentes branchiales; — *o*) ouverture de la glotte ; — *pp*) poumons dont un a été ouvert.

FIG. 100. — Appareils respiratoire et vasculaire du *Protoptère* ; = *br*) branchies ; — *b a*) ; — artère branchiale ; — *c*) cœur ; — *vp* et *vp'*) veine pulmonaire ; — *vc*) veine cave ; — *p* et *p'*) poumons; — *ap*) artère pulmonaire.

Le lépidosirène qui rentre dans la même classe que ces derniers en est particulier, dans ce cas (fig. 99 et 100).

Tous les vértébrés, à l'exception des serrans, poissons de mer appartenant à la même famille que les perches, ont les sexes séparés et portés par des individus différents, les uns mâles et les autres femelles. On ne constate dans

aucune de leurs espèces d'exemples de génération par bourgeonnement ou par division, ce qui s'explique par la supériorité même de leurs actes vitaux ; tous naissent par conséquent d'œufs, qu'ils soient vivipares, ovovivipares, ou, ce
qui est plus fréquent encore, ovipares. C'est à eux surtout que
s'applique cette formule trop générale : *Omne vivum ex ovo.*

Leur mode de développement n'est pas moins caractéristique. Ils ont toujours une vésicule vitelline, sorte de
poche renfermant le jaune de leur œuf, lorsque cet œuf
a commencé à germer, et elle est placée à la face ventrale de leur corps. Chez les mammifères, cette vésicule
disparaît assez longtemps avant la naissance, mais il est
des poissons qui n'en ont pas encore consommé le contenu
lorsqu'ils éclosent ; ils traînent alors pendant quelque
temps sous leur ventre cette poche dont ils continuent à tirer
les matériaux de leur première alimentation. Elle est assez
volumineuse chez les jeunes des truites et des saumons :
celle des squales est portée par un pédicule long et étroit.

Indépendamment de la vésicule du jaune, certains vertébrés en possèdent une seconde placée en arrière de la
précédente ; celle-ci n'est également qu'un organe transi-
toire propre seulement aux premiers temps de la vie. Son
développement est en sens inverse de celui de la vésicule
vitelline. Chez les mammifères ordinaires, c'est elle qui
forme le placenta et fournit ainsi à l'animal, avant sa
naissance, le moyen de tirer de sa mère le sang nécessaire à
son premier développement.

On donne aux animaux vertébrés qui ont une vésicule
allantoïde le nom d'*allantoïdiens*, et à ceux qui manquent
de cet organe le nom d'*anallantoïdiens*. Cette distinction
importante sert à distinguer deux sous-embranchements
parmi les espèces de cette grande division.

De Blainville était arrivé à un résultat peu différent,
en tenant compte de l'absence ou de la présence des branchies chez ces animaux. Les allantoïdiens (mammifères,
oiseaux et reptiles) répondent à ses vertébrés ornithoïdes,
dont le mode de développement rappelle celui des oiseaux,

et les anallantoïdiens (batraciens et poissons) à ses vertébrés ichthyoïdes, qui ressemblent sous le même rapport
aux poissons.

Les animaux vertébrés se trouvent ainsi partagés en
deux sous-embranchements et en cinq classes de la manière
suivante :

Une vésicule allantoïde avant la naissance ; point de branchies.	Les quatre cavités du cœur devenant distinctes.	des mamelles et des poils,	*Mammifères.*
		point de mamelles ; des plumes,	*Oiseaux.*
	Les deux ventricules plus ou moins confondus en une seule cavité.	des écailles épidermiques servant de téguments,	*Reptiles.*
Pas de vésicule allantoïde ; des branchies pendant le jeune âge ou pendant toute la vie.	Des métamorphoses après la naissance ou du moins apparition de poumons et de pattes,		*Batraciens.*
	Point de véritables métamorphoses ; des branchies à tous les âges ; des nageoires au lieu de pattes,		*Poissons.*

Comme nous le montre le tableau qui précède on em-

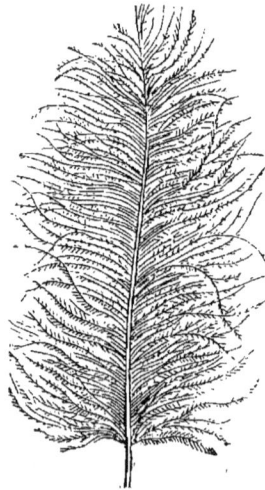

FIG. 101. — Plume décomposée ou à barbules disjointes ; du *Marabout.*

prunte aux téguments dont le corps des vertébrés est couvert, une partie des caractères qui servent à séparer ces animaux en classes.

Ceux d'entre eux qui ont une température et reçoivent, à cause de l'élévation de cette température, le nom de vertébrés à sang chaud, ont la peau garnie d'organes particuliers de la nature des phanères, constituant des poils ou des plumes (fig. 101).

Les mammifères sont dans le premier cas; les oiseaux sont dans le second.

Au contraire les reptiles proprement dits n'ont plus qu'un épiderme épaissi en forme de squames ou écailles, et si l'on peut appeler les mammifères des vertébrés pilifères et les oiseaux des pennifères, le nom qui conviendrait aux reptiles proprement dits, serait celui de squamifères.

Les reptiles, vertébrés à température variable, n'avaient pas besoin d'être pourvus comme le sont les animaux des deux classes précédentes d'un appareil isolant destiné à retenir la chaleur due à leur activité vitale, car la production de cette chaleur est très-faible chez eux et se trouve réduite en proportion du travail limité que produisent les organes.

Sous ce rapport les reptiles ressemblent aux batraciens et aux poissons, et l'activité de leur respiration est en particulier bien au-dessous de ce que nous voyons être celle des mammifères et surtout celle des oiseaux; ces derniers sont, en effet, de tous les animaux ceux qui produisent le plus de mouvement et qui développent le plus de chaleur. Ils sont aussi ceux dont l'activité respiratrice est la plus considérable.

Chez les batraciens l'absence de vêtements naturels est plus complète encore que chez les reptiles. Leur peau ne présente, au lieu d'un épiderme épaissi et résistant, qu'un simple épithélium comparable à celui des membranes muqueuses, et la surface entière de leur corps est le siège d'une abondante sécrétion.

Dans la classe des poissons nous voyons une autre particularité de la membrane tégumentaire. La peau de ces vertébrés est souvent garnie de petits corps appelés écailles
(fig. 102) qui servent à sa protection.

Il y a différentes formes de ces écailles, et l'on en tire
de très-bons caractères employés pour la distinction des
nombreux groupes de ces animaux.

Les cécilies, qui sont des batraciens serpentiformes, montrent déjà de semblables organes, mais ils restent cachés
dans leur peau.

On trouvera dans la partie anatomique de cet ouvrage

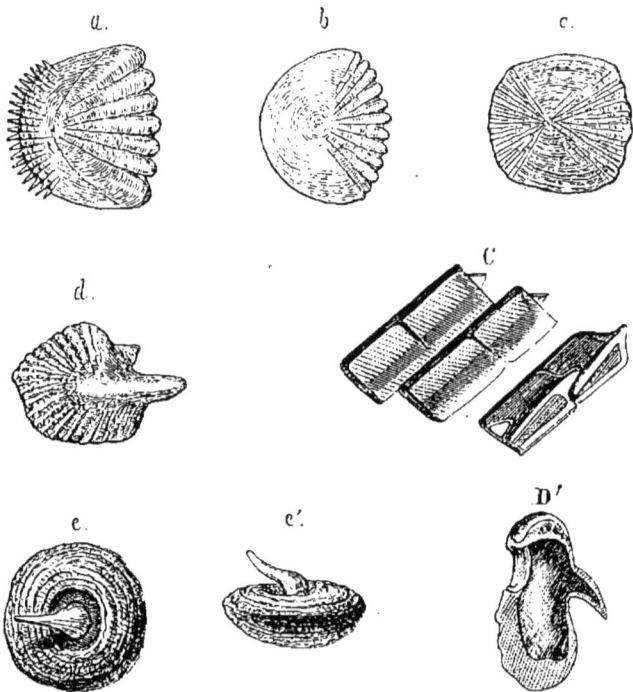

FIG. 102. — Formes principales des écailles des Poissons ; = a) Écaille pectinée, dite cténoïde ; de la *Perche* ; — b) écaille circulaire, dite cycloïde ; du
Cyprinodon.— c) id.; de la *Carpe* ; — d) écailles osseuses et à surface émaillée
dites ganoïdes ; du *Lépiostée* ; — d') id.; d'*Amblyptère* (genre éteint de ganoïdes; — c) écaille en boucle, dite placoïde ; de la *Raie*.

des détails plus étendus sur la structure de ces parties, ainsi que sur celle de la peau elle-même[1]. La conformation des poils, des plumes, des ongles et des organes accessoires qui s'y rattachent y sera également exposée avec des détails qui seraient maintenant hors de propos.

Nous devons également renvoyer à la partie anatomique pour les développements relatifs au squelette des vertébrés, voulant nous borner à en indiquer dans ce volume les particularités les plus remarquables.

Le squelette mérite d'autant plus d'être étudié avec soin, que non-seulement il fournit d'importantes données pour la classification des espèces actuelles de vertébrés, mais qu'il est encore, avec le système dentaire, la seule base sur laquelle repose la connaissance des animaux fossiles appartenant au même embranchement, dont on recueille les débris dans les couches du globe.

Les squelettes de la vache (fig. 103), un des mammifères les plus utiles; du coq (fig. 104), espèce d'oiseau qui nous rend aussi des services signalés; de la tortue de mer (fig. 105), l'un des meilleurs exemples de l'ordre des Chéloniens, si l'on veut se rendre compte du squelette tout particulier de ces reptiles; de la grenouille (fig. 106 et 107), espèce des plus communes et que, par conséquent, il est le plus facile de se procurer, enfin de la raie (fig. 108) et de la perche (fig. 109) montreront au premier coup d'œil quel parti l'on peut tirer sous ce rapport des caractères que présente la charpente osseuse des animaux vertébrés envisagée comme source d'indication zooclassiques.

FIG. 103. — Squelette de la *Vache*; = cr) crâne; — vc) vertèbres cervicales; — vd) vertèbres dorsales; — vl) vertèbres lombaires; — vs) sacrum ou vertèbres sacrées; — vic) vertèbres caudales ou coccygiennes; — om) omoplate; — ct) côtes; — ct') cartilages costaux; — st) sternum; — oi) os innominé ou os du bassin; — hs) humerus; — cs) cubitus; — rs) radius — ce) os du carpe; — mtc) métacarpiens principaux réunis en un canon; — ph) phalanges; — fr) fémur; — re) rotule; — tb) tibia; — pé) péroné incomplétement developpé; — cm) calcanéum; — te) les autres os du tarse; — mtt) les deux métatarsiens principaux réunis en un canon; — ph) phalanges.

1. Voir aussi p. 47.

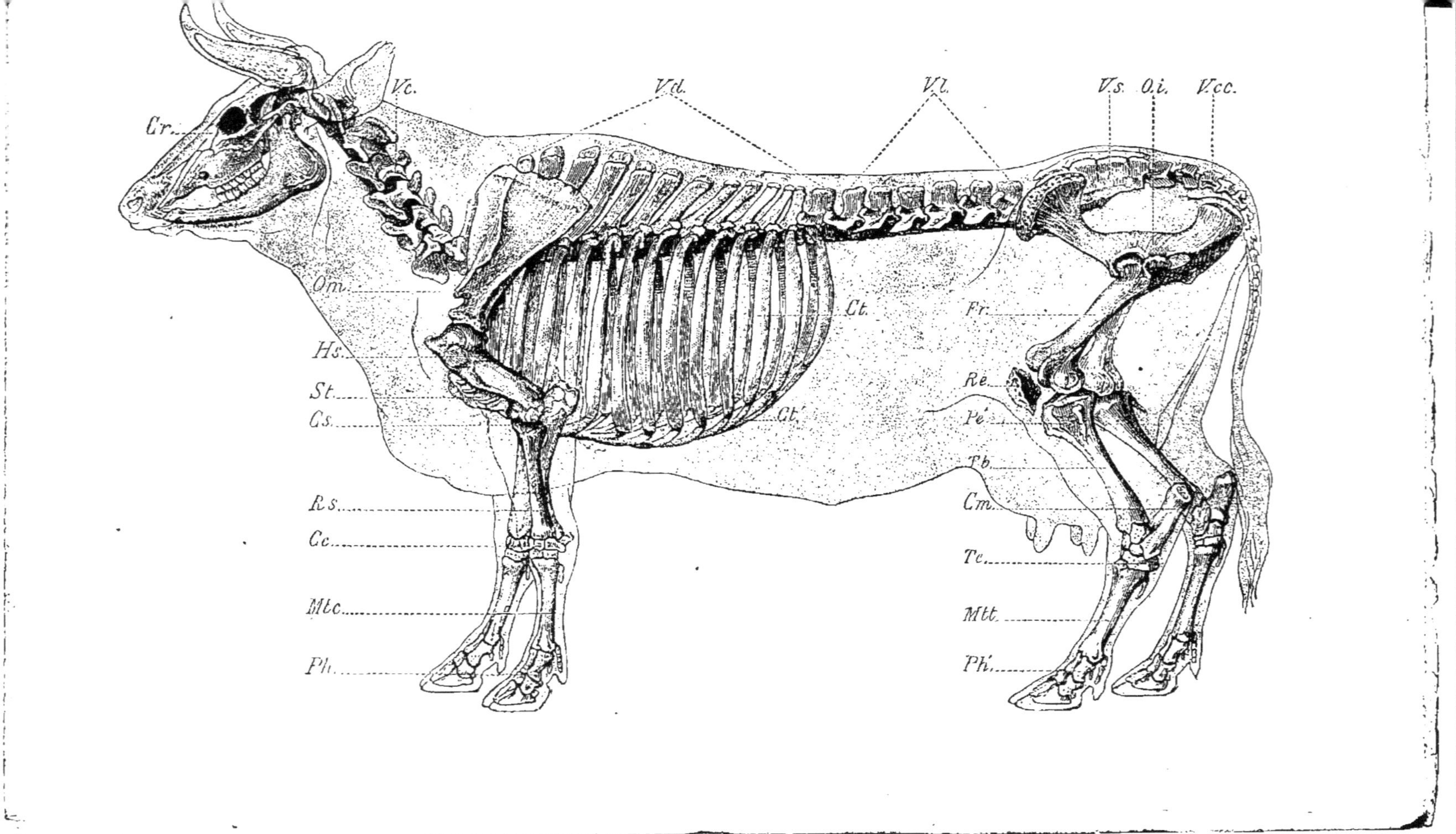
Cr.
Vc.
Vd.
Vl.
Vs.
O.i.
Vcc.
Om.
Hs.
St.
Cs.
Ct.
Ct.'
Fr.
Re.
Pe.
Tb.
Cm.
Rs.
Cc.
Tc.
Mtc.
Mtt.
Ph.
Ph.'

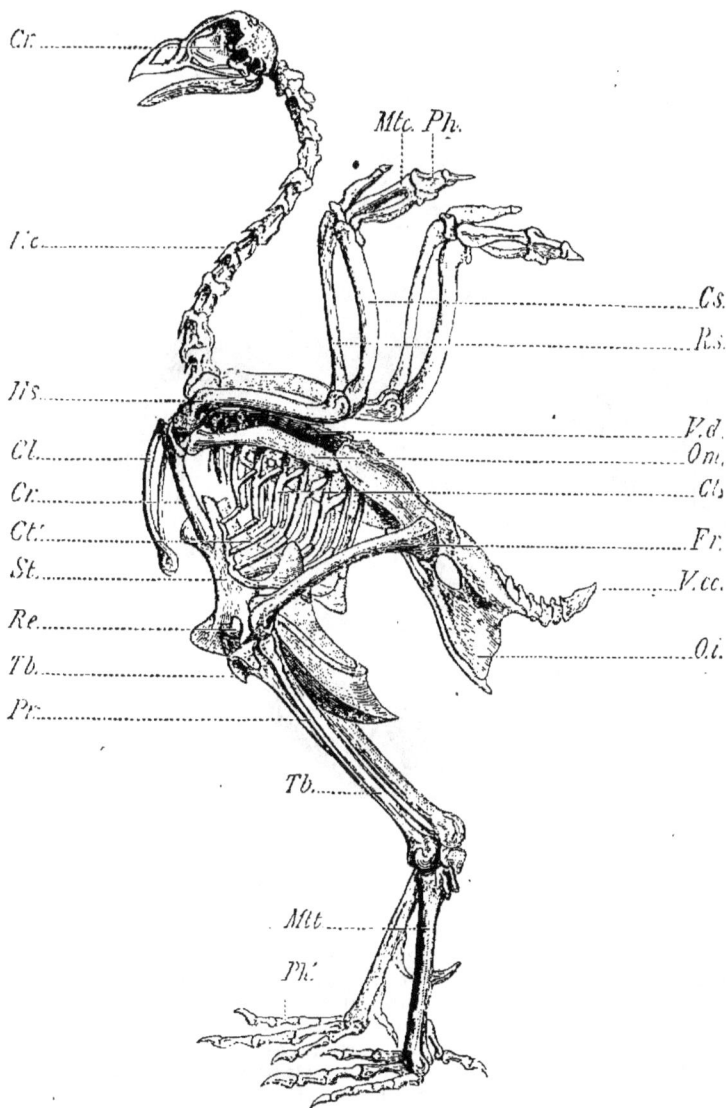

FIG. 104. — Squelette du *Coq* ; = *cr*) le crâne ; — *vc*) vertèbres cervicales ;
— *cl, cl'*) clavicule ou fourchette ; — *ci*) *coracoïdien* ; — *st*) sternum ; — *om*)
omoplate ; — *vd*) vertèbres dorsales ; —*ct*) côtes et leurs apophyses récurrentes ;
— *oi*) os innominé ou du bassin, divisé en os des îles, pubis et iskion ; — *vcc*) vertèbres caudales ; — *hs*) humerus ; — *cs*) cubitus ; — *rs*) radius ; — *mtc*) métacarpe ; — *ph*)phalanges ; — *fr*) fémur ; — *re*) rotule ; — *tb*) tibia ;— *pr*) péroné;
mtt) métatarsiens réunis (vulgairement os du tarse) ; — *ph'*) phalanges.

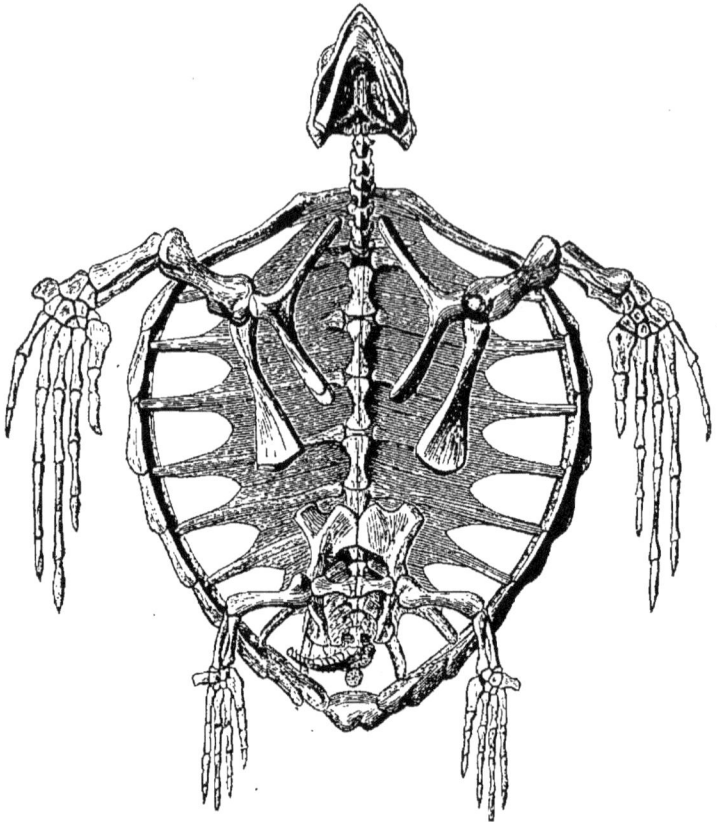

FIG. 105. — Squelette de la *Tortue de mer* (genre *Chélonée*). — Ce sque-
ctte présente plusieurs particularités remarquables. Les côtes y sont en partie
réunies les unes aux autres dans la région dorso-lombaire par des expansions osseuses appartenant au squelette cutané ; un arc de pièces osseuses
également fourni par la peau, limite cette carapace ou boîte osseuse de chaque
côté du corps. Les épaules et le bassin sont rentrés dans la cavité thoraco-abdominale. Sous le corps est le plastron formé par la réunion du sternum avec
la partie sternale des côtes ; ce plastron n'a pas été représenté ici. Dans l'espèce à laquelle cette figure est empruntée, le plastron est moins complétement
ossifié que dans celles qui vivent à terre et il en est de même de la carapace.
Aussi la boîte osseuse des tortues de mer est-elle moins solide que la même
partie du squelette étudiée dans les tortues terrestres. Le pattes y sont aussi
plus allongées, ce qui est en rapport avec les habitudes nageuses des Chélonées
et elles ont la forme de rames. Enfin ces animaux n'ont pas comme les tortues
de terre la possibilité de rentrer leur tête et leurs pattes dans leur carapace.

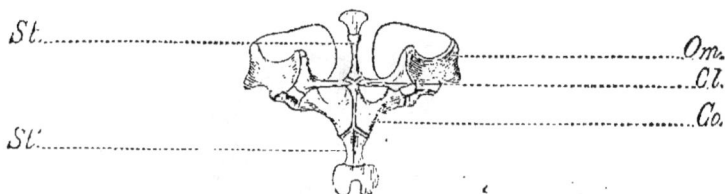

FIG. 106. — Épaule et sternum de la *Grenouille* ; = om) omoplate ; — cl) clavicule ; — co) coracoïdien ; — st, st') sternum.

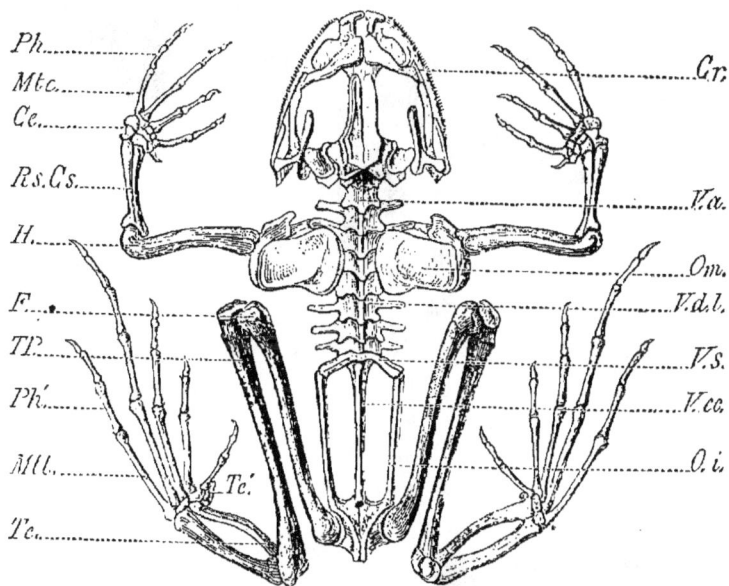

FIG. 107. — Squelette de la *Grenouille* ; = cr) crâne ; — va) vertèbre atlas ; — vd) vertèbres dorsales ; — vs) vertèbre sacrée ; — vcc) coccyx formé par la réunion des vertèbres coccygiennes ; — om) omoplate ; — oi) os innominé ou du bassin ; — h) humerus ; — rs et cs) radius et cubitus soudés entre eux ; — ce) os du carpe ; — mtc) métacarpiens ; — ph) phalanges ; — f) fémur ; — t) tibia ; — te) les deux premiers os du tarse ; — te') les autres os du tarse ; — mtt) métatarsiens ; — ph') phalanges.

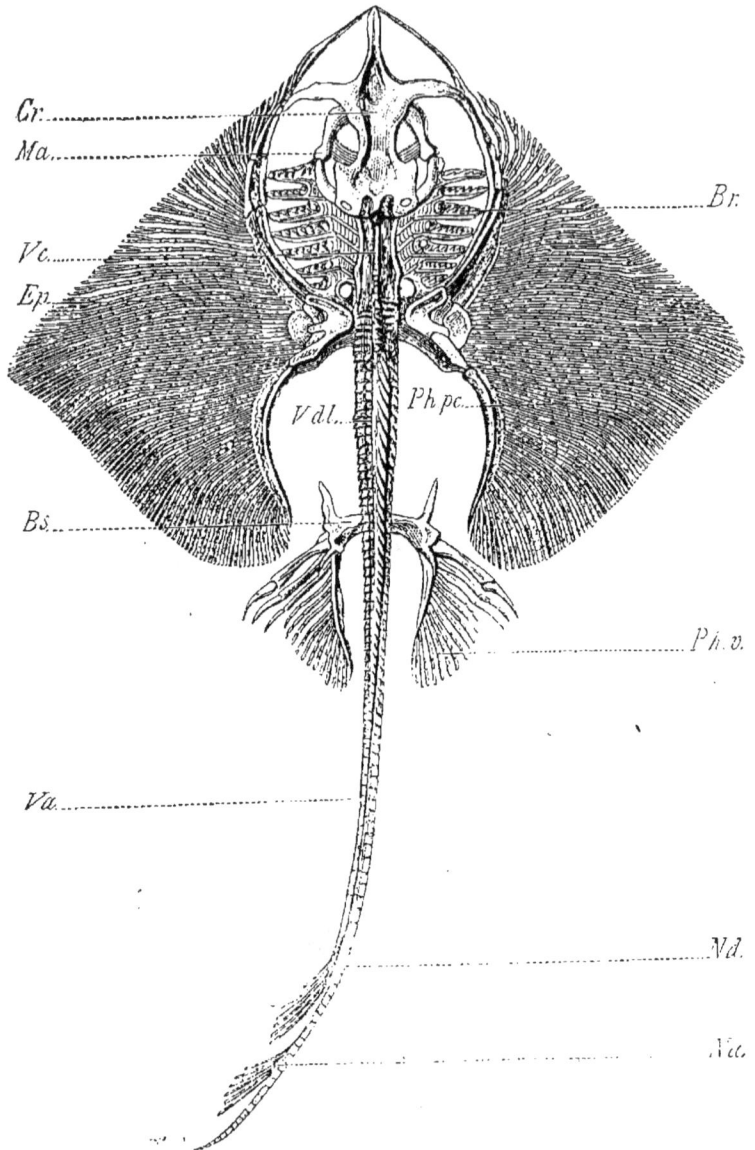

FIG. 108. — Squelette de la *Raie*. — Exemple de squelette cartilagineux. =
cr) crâne ; — *ma*) mâchoires ; — *vc*) vertèbres cervicales ; — *br*) arcs bran-
chiaux ; — *ep*) épaule ; — *vdl*) vertèbres dorsales et vertèbres lombaires,

— *bs*) os du bassin ; — *vc*) vertèbres caudales; — *ph,pc*) phalanges de la nageoire pectorale ; — *ph,v*) phalanges de la nageoire ventrale; — *nd*) première nageoire dorsale ; — *nd'*) seconde nageoire dorsale.

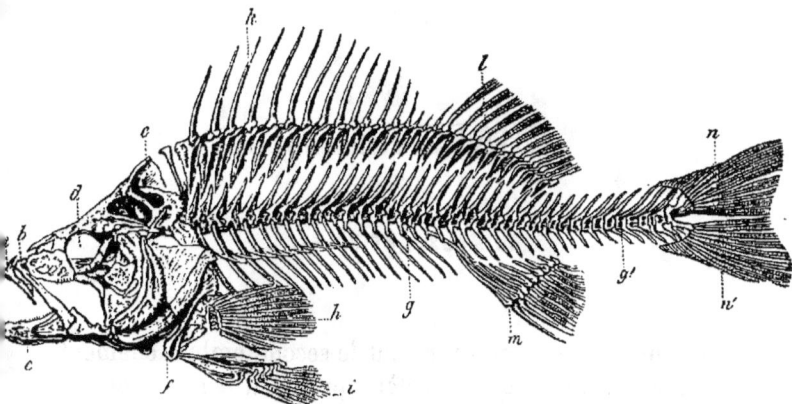

FIG. 109. — Squelette de la *Perche* ; ═ *a*) os intermaxillaire ; — *b*) os maxillaire supérieur; — *c*) maxillaire inférieur ; — *b*) orbite, bordée inférieurement par les os sous-orbitaires ; — *e*) région occipitale ; — *f*) opercule ; — *gg'*) colonne vertébrale et ses arcs supérieurs et inférieurs ; — *h*) nageoires thoraciques ; — *i*) nageoires ventrales, ici reportées sous la gorge, comme dans les poissons jugulaires et les subbrachiens ; — *k*) rayons épineux de la nageoire dorsale antérieure ; — *l*) rayons mous de la nageoire dorsale postérieure ; — *m*) rayons de la nageoire anale ; — *nn'*) les deux faisceaux de rayons osseux qui constituent la nageoire caudale.

La raie nous fournit un exemple de vertébrés dont le squelette reste cartilagineux. Cette espèce de poisson comparée à la perche, à la carpe ou au brochet, rendra facile à comprendre la différence dans la consistance de la charpente osseuse des animaux de cette classe qui les a fait partager en deux sous-classes distinctes sous les noms de cartilagineux, ou chondroptérygiens, et d'osseux, aussi appelés téléostéens. Chez les cyclostomes, tels que les lamproies, le squelette reste presque entièrement fibreux ; sa consistance offre une solidité moindre encore dans le branchiostome, que nous avons signalé comme étant le dernier de tous les animaux vertébrés.

CHAPITRE VIII.

•

ANIMAUX ARTICULÉS.

Les animaux articulés forment le second embranchement du règne animal. Leur caractère principal consiste en ce que leur corps, qui est de forme symétrique et binaire, se compose, dans le plus grand nombre des cas, d'une succession d'articles ou anneaux destinés à loger les viscères.

Ils manquent de squelette proprement dit, mais la dureté de l'enveloppe extérieure compense, chez beaucoup d'entre eux, l'absence de la charpente intérieure propre aux vertébrés. Cette solidification est due à un encroûtement calcaire de la surface extérieure du derme comme nous le montrent les écrevisses (fig. 63), les homards et les crabes, ou à l'endurcissement du derme lui-même au moyen d'un principe chimique particulier appelé chitine, qui offre à certains égards les propriétés de la peau des vertébrés lorsqu'elle a été tannée.

Les articulés n'ont pas de moelle épinière. Les différents nerfs sensibles et moteurs qu'ils possèdent naissent d'une double chaîne ganglionnaire placée au-dessous du canal digestif ou plus rarement sur ses parties latérales. Leur cerveau a sa masse principale située au-dessus de l'œsophage, et il est disposé de manière à entourer le commencement du canal intestinal comme d'une sorte de collier, dit collier œsophagien. C'est dans les anneaux du corps que sont renfermés tous les viscères, et ces anneaux ne sont pas partagés en deux parties fermées, l'une supérieure et l'autre inférieure, comme les ostéodesmes des vertébrés. Le système nerveux est logé dans la même cavité que les organes digestifs et circulatoires, mais, sauf dans sa partie cérébrale, il est au-dessous d'eux au lieu d'être au-dessus, ainsi que cela a lieu chez les vertébrés.

En outre, l'embryon des animaux articulés n'a jamais sa vésicule vitelline attachée à la face ventrale, et, dans beaucoup de cas, cette vésicule n'est même plus distincte; c'est, en particulier, ce qui a lieu pour les vers. Elle est, au contraire, apparente dans les espèces de cet embranchement qui sont pourvues de pieds articulés, et auxquelles on a donné le nom commun de Condylopodes; mais alors c'est sur le dos et non sous le ventre qu'elle est placée. Les insectes, les arachnides et les crustacés sont dans ce cas.

Il s'en faut de beaucoup que les animaux articulés forment une réunion aussi naturelle que celles des vertébrés ou des mollusques, et plusieurs auteurs en ont d'abord distrait certaines familles de vers pour les réunir aux zoophytes, sous le nom de vers intestinaux. Cependant il y a entre les articulés, tels que nous les circonscrivons maintenant, des rapports de forme et d'organisation qui ne permettent guère de les répartir dans deux embranchements distincts, et il semble préférable de les laisser dans une seule et même grande division.

On distingue d'ailleurs parmi les animaux articulés deux sous-embranchements faciles à caractériser; nous en parlerons successivement sous les noms de *Condylopodes* et de *Vers*.

§ 1.

Condylopodes. — Ils ont le corps nettement articulé, c'est-à-dire formé d'articles ou anneaux plus ou moins différents les uns des autres, et sont toujours pourvus de pattes également articulées; de là les noms de *condylopodes* ou *arthropodes* qu'ils portent dans la classification actuelle.

Leur système nerveux est constamment formé d'un cerveau, comprenant un collier œsophagien, et d'une chaîne ganglionnaire placée au-dessous du canal intestinal.

Ceux de ces animaux dont on a observé le développement ont tous montré une vésicule vitelline, ou masse du jaune, distincte et en rapport avec le canal intestinal par la face dorsale de leur corps.

Ils ont pour organes respiratoires tantôt des trachées, tantôt des branchies; leur respiration est rarement cutanée.

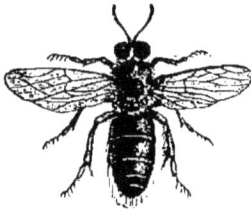

FIG. 110. — Abeille mâle ou faux bourdon.

FIG. 111. — Abeille femelle ou reine.

FIG. 112. — Abeille neutre ou ouvrière.

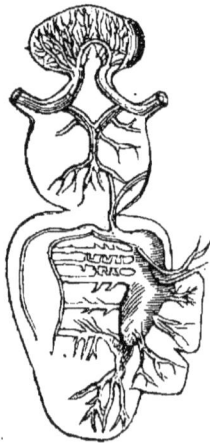

FIG. 113. — Appareil respiratoire de l'*Abeille* : trachées et sacs aériens.

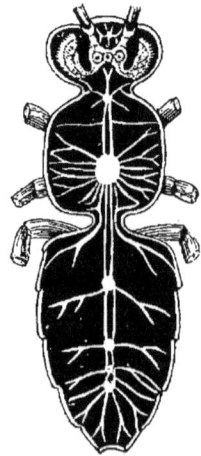

FIG. 114. — Système nerveux de l'*Abeille.*

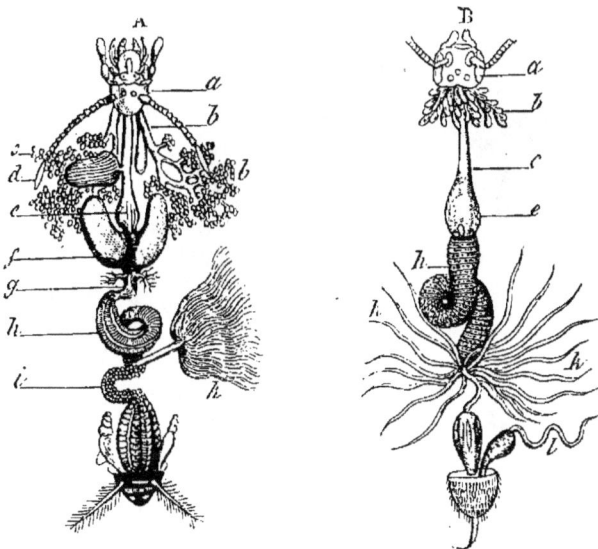

FIG. 115. — Appareil digestif et glande vénéneuse de l'*Abeille*. = *a*) tête et bouche ; — *b*) glandes salivaires ; — *c*) œsophage ; — *e*) jabot ; — *h*) estomac ; — *k*) canaux de Malpighi, remplaçant le foie ; — *l*) glande anale sécrétant le venin.

FIG. 116. — Appareil digestif de *Taupe-Grillon*. = *a*) la tête et ses appendices ; — *b*) glandes salivaires ; — *c*) granules sécréteurs des mêmes glandes ; — *d*) antennes ; — *e*) proventricule ou partie cardiaque de l'estomac précédée de l'œsophage qui porte le jabot sur son trajet ; — *f*) poches accessoires de l'estomac ; — *g*) partie moyen de l'estomac ; — *h*) ventricule chylifique ou partie pylorique de l'estomac ; — *i*) intestins ; — *k*) canaux de Malpighi représentant le foie.

Les différentes classes des articulés condylopodes sont celles des *insectes* (fig. 110 à 116), des *myriapodes* ou millepieds, des *arachnides* et des *crustacés* (fig. 117 à 123), auxquelles plusieurs auteurs ajoutent les *systolides*.

Les systolides étaient autrefois rapprochés des infusoires à cause de leurs dimensions microscopiques ; mais l'examen attentif de leur structure anatomique a montré qu'ils avaient beaucoup d'analogie avec les crustacés inférieurs.

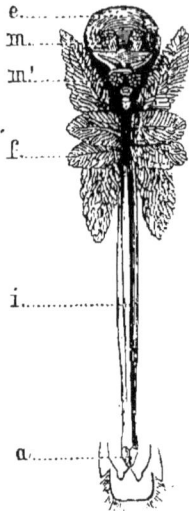

FIG. 117. — Appareil digestif de l'*Écrevisse*. = e) estomac ; — m,m') ses muscles ; — f) foie ; — i) intestin ; — a) anus.

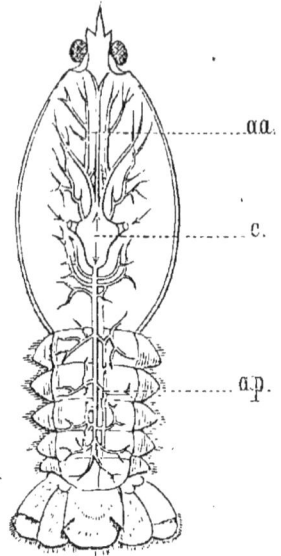

FIG. 118. — Appareil circulatoire de l'*Écrevisse*. = aa) artère aorte antérieure et ses principales divisions ; — c) cœur ; — ap) aorte postérieure et ses principales divisions.

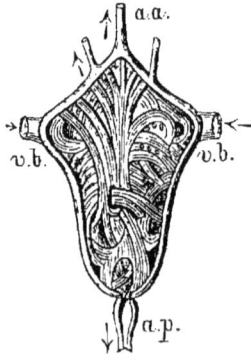

FIG. 119. — Le cœur de l'*Écrevisse* ouvert, pour en montrer la structure = aa) aorte antérieure ; — ap) aorte postérieure ; — vb) veines branchiales. Les flèches indiquent la marche du sang.

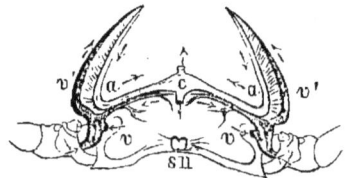

FIG. 120. — Figure théorique de la circulation de l'*Écrevisse*. = aa) veines ramenant des branchies au cœur le sang hématosé ; — c) le cœur lançant le sang dans les aortes antérieure et postérieure ; — sn) indique la place du système veineux ; — v) veines et renflement veineux recevant le sang pour servir à la nutrition ; — v'v') veines branchiales conduisant le sang aux branchies.

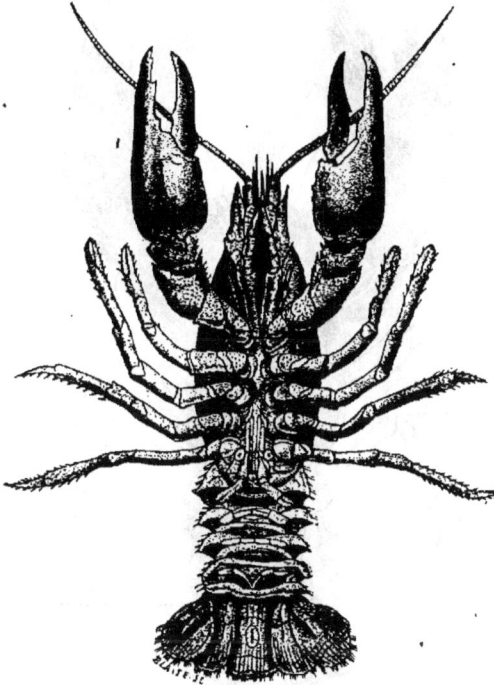

FIG. 121. — *Écrevisse* mâle.

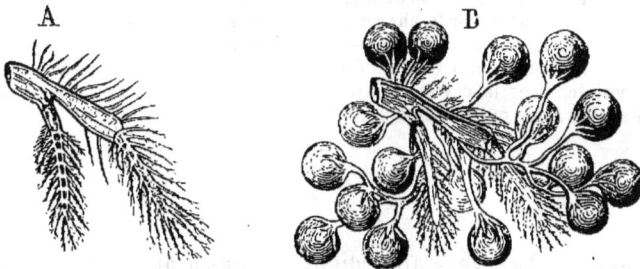

FIG. 122. — Une des fausses pattes abdominales de l'*Écrevisse* femelle.
A, sans œufs ; — B, chargée d'œufs.

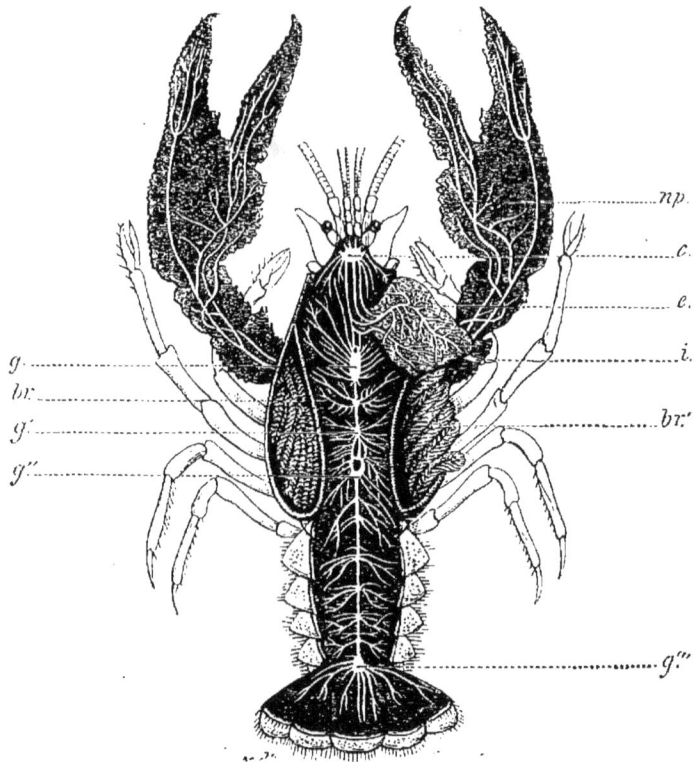

FIG. 123. — Système nerveux et branchies de l'Écrevisse. — c) cerveau partie sus-œsophagienne de système nerveux ; — c) estomac et nerfs stomaco-gastriques comparés au système nerveux sympathique par certains auteurs et, par d'autres, aux nerfs pneumo-gastriques ; — i) intestin également rejeté à droite pour laisser voir la chaine des ganglions nerveux sous-intestinaux ; — g,g',g'') ganglions thoraciques ; — g''') le dernier des ganglions abdominaux ; — np) nerfs des pattes antérieures appelées pinces ; — br,br') branchies visibles dans la cavité respiratrice après l'enlèvement de la partie dorsale de la carapace qui recouvre le céphalo-thorax.

§ 2.

Vers. — Les vers appartiennent aussi aux articulés, et ils en constituent le second sous-embranchement.

Au lieu d'être pourvus, comme les animaux articulés des

classes précédentes, de pieds articulés, ils manquent de ces organes, ou bien ils n'ont, pour en exercer les fonctions, que de simples soies, quelquefois portées sur des mamelons charnus et placées sur les côtés du tronc. Tous n'ont pas non plus le corps nettement articulé, et il en est, parmi eux, chez lesquels le système nerveux et les autres systèmes d'organes sont beaucoup moins développés que cela n'a lieu ordinairement chez les animaux de l'embranchement qui nous occupe ; ceux-là ont été quelquefois éloignés des autres articulés et reportés parmi les rayonnés ; tels sont, plus particulièrement, les vers parasites des autres animaux que l'on appelle aussi vers intestinaux ou entozoaires.

Les vers semblent devoir constituer plusieurs classes. Pour ne pas nous écarter de la division la plus généralement adoptée, nous n'en admettrons que deux, les *annélides* et les *helminthes*, et nous parlerons, sous ce dernier nom, des différents groupes appelés *nématoïdes*, *térétulaires*, *trématodes* et *cestoïdes*.

FIG. 124. — *Sangsue médicinale.*

Aux annélides, c'est-à-dire à la première classe des vers, appartiennent les *serpules* et autres vers à tuyaux, les *néréides* et genres analogues, les *lombrics* ou vers de terre, les *naïs* et les *sangsues* (fig. 124).

Cette classe ne renferme que très-peu d'espèces entozoaires, c'est-à-dire parasites des autres animaux; la seconde en possède au contraire un grand nombre, parmi lesquelles il nous suffira de citer, en ce moment, les *ascarides* appelés à tort vers lombrics, les *oxyures*, si fréquents chez les enfants, les douves, dont certaines espèces vivent dans le foie des mammifères, et les *ténias* dits aussi vers solitaires. Les cysticerques ou animaux de la ladrerie ne sont qu'un état particulier des ténias.

Les Planaires de nos eaux douces et le Nemertes communes dans les eaux marines sont des exemples de térétulaires.

CHAPITRE IX.

ANIMAUX MOLLUSQUES.

Les mollusques sont des animaux privés de vertèbres et qui n'ont jamais le corps articulé. Une peau molle les enveloppe comme dans une sorte de sac ou de manteau dans lequel sont renfermés les viscères chargés des différentes fonctions de relation, de nutrition et de reproduction. Ils ont, comme les vertébrés et les articulés, la forme symétriquement paire, et si beaucoup d'entre eux ont un des côtés du corps plus gros que l'autre, ou sont même contournés en spirale, comme les colimaçons (fig. 58), c'est par suite d'une inégalité adventive dans le développement de leurs deux moitiés droite et gauche. Quoique fort exagérée dans la plupart des cas, cette inégalité est néanmoins comparable à celle qu'on observe chez certains vertébrés[1], et dont on trouve la trace même chez l'homme.

Les mollusques n'ont pas de membres, et les prolongements tentaculiformes surmontant la tête des poulpes ou des seiches auxquels on a donné le nom de bras ou de pieds, ne sont en rien comparables aux appendices des vertébrés ou des insectes.

Leur corps est souvent protégé par une coquille, sorte d'écaille calcaire composée d'une ou de deux valves, qui leur fournit un abri dans lequel beaucoup d'entre eux peuvent se retirer complétement.

1. Par exemple les poissons pleuronectes.

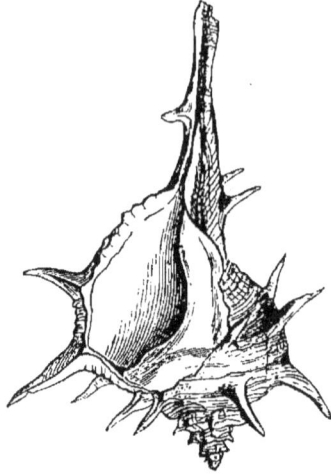

FIG. 125. — *Rocher (Murex bandaris)*. — Coquille univalve.

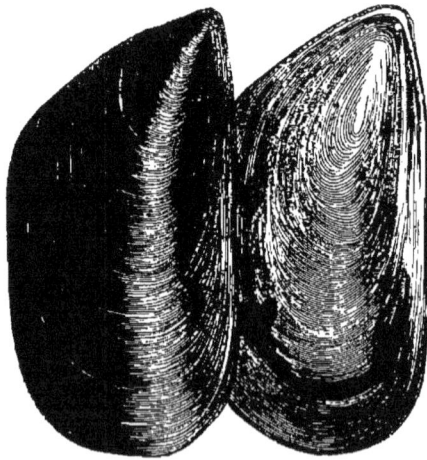

FIG. 126. — *Moule*. — Coquille bivalve.

Le système nerveux cérébral des mollusques se compose habituellement de deux parties, l'une supérieure à l'œsophage, l'autre inférieure au même canal, réunies entre elles au moyen d'une double commissure, de manière à entourer le commencement du tube digestif par un véritable collier nerveux (fig. 129, 132 et 147).

C'est là une disposition qui se retrouve chez beaucoup d'animaux articulés ; mais ce qui distingue particulièrement les mollusques, c'est qu'ils n'ont pas, comme les articulés, de chaîne ganglionnaire sous-intestinale. Cette dernière particularité est en rapport avec la forme indivise de leur corps. Quelques ganglions, développés auprès des organes principaux et rattachés au cerveau par des filets de communication, servent seuls à l'innervation de ces organes ; encore n'en a-t-on pas constaté la présence dans les mollusques les plus inférieurs, tels que les bryozoaires (fig. 158 et 159).

Chez les mollusques, les sens sont en général fort imparfaits, quoique la nature muqueuse de leur peau présente, pour celui du tact, un avantage réel sur la peau chitineuse ou encroûtée de la plupart des animaux articulés.

Les mollusques ont habituellement des yeux ; il y a même des organes de vision chez beaucoup d'acéphales conchifères et chez certaines ascidies.

Ces animaux ont aussi des organes d'audition, réduits, il est vrai, à de simples capsules souscutanées et répondant au vestibule de l'oreille interne des mammifères.

Leurs muscles du mouvement volontaire sont, en grande partie, confondus avec la peau, qui jouit d'une grande contractilité ; ils constituent, avec le peaucier, une couche en rapport avec le sac formé par la peau elle-même, ce qui l'a fait appeler le *manteau*.

La partie par laquelle la peau sécrète la coquille présente, dans certaines espèces, une disposition particulière ; on l'a nommée le *collier*. Ce collier est facile à observer dans les hélices ; c'est lui qui produit cette sorte de bourrelet muqueux en rapport avec la partie molle que la coquille présente auprès de son ouverture lorsqu'elle n'est pas encore achevée.

FIG. 127-128. — Branchies et système vasculaire de la *Seiche.* = *aaaa*) système des veines caves; — *bb cc*) sinus des veines caves faisant fonction d'oreillettes et de ventricules pour le sang qui va aux branchies; — *d*) vaisseau répondant à l'artère branchiale; vu sur la branchie gauche; — *e*) vaisseau ramenant au système aortique le sang hématosé dans les branchies; vu sur la branchie droite; — *ff*) oreillettes du cœur aortique; — *g*) cœur aortique répondant au cœur gauche des mammifères; — *h*) aorte descendante; — *kk*) aorte ascendante; — *ll*) corps spongieux considérés comme étant les reins.

Le tube digestif est complet (fig. 130, 131, 132, 147 et 159); il présente même quelques circonvolutions dans beaucoup d'espèces. On y distingue un renflement stomacal, et la bouche est souvent pourvue d'une ou de plusieurs pièces dures qui servent de mâchoires. Celles des seiches ont l'apparence d'un bec de perroquet; il y en a aussi chez les colimaçons, etc. Beaucoup de mollusques présentent d'ailleurs, à l'entrée du canal intestinal, une série plus ou moins considérable de papilles cornées, formant quelquefois une bandelette fort allongée et contournée en spirale; c'est ce que l'on a appelé la langue de ces animaux.

Les différences que montrent celle des gastéropodes ont
été examinées avec soin, et l'on en a tiré un parti avantageux pour la classification.

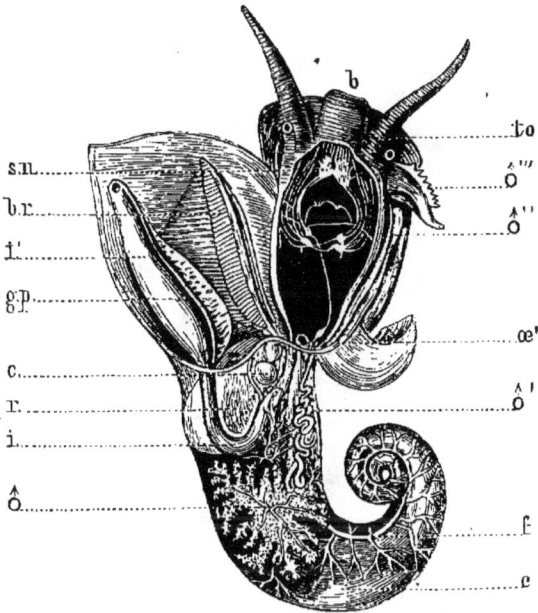

FIG. 129. — *Littorine vignot.* Anatomie ; = *b*) bouche ; — *to*) tentatules
oculifères ; — *œ*) section de l'œsophage dont toute la partie antérieure a été
enlevée pour laisser voir le système nerveux ; — *f*) foie ; — *e*) estomac ; —
sn) système nerveux cérébral et collier œsophagien avec ses différents ganglions ; — *br*) branchie ; — *i*) rectum ou partie terminale de l'intestin ; — *gp*)
glande de la pourpre ; — *c*) cœur, formé de deux cavités ; une oreillette et un
ventricule ; — *r*) rein ; — *i*) intestin.

L'exemplaire disséqué est du sexe mâle : ♂ ♂′ ♂″ ♂‴ sont les organes
de reproduction. Les mêmes organes sont marqués ♀ ♀′ ♀″ dans l'exemplaire de la figure suivante qui est du sexe femelle.

Le foie des mollusques forme, en général, une glande
conglomérée, d'un volume assez considérable (fig. 129 et
130) ; celui des céphalopodes est surtout remarquable sous
ce rapport.

2

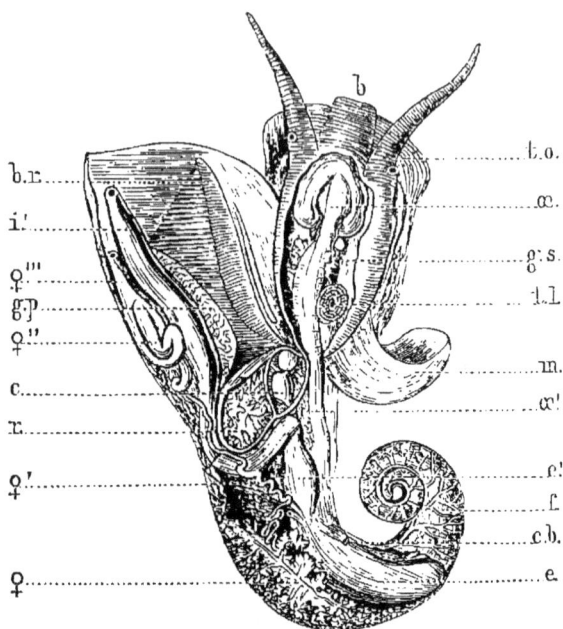

FIG. 130. — *Littorine vignot.* Anatomie. = *b*) bouche ; — *to*) tentacules
oculifères; — *œ,œ'*) œsophage ; — *gs*) glandes salivaires ; — *tl*) ruban linguale ;
— *m*) muscles; — *e,e'*) estomac ; — *f*) foie ; — *cb*) canaux biliaires; — *r*) rein ;
— *c*) cœur, formé de deux cavités; — *gp*) glande de la pourpre; — *i*) rectum
aboutissant à l'anus ; — *br*) branchie.

Chez les éolides et chez beaucoup d'autres espèces appartenant de même à la division des nudibranches, cet organe
prend l'apparence de tubes placés le long du canal digestif
(fig. 131).

Dans les bryozoaires, qui sont les derniers des mollusques, il est réduit à de simples follicules et, par conséquent, il se présente sous une forme encore plus rudimen-
taire que celle dont il vient d'être question.

FIG. 131. — Appareil digestif de l'*Éolide*, genre de Mollusques nudi-branches ; — *a*) bouche et ses mâchoires ; — *b*) œsophage ; — *c*) estomac ; — *e*) rectum ; — *d*) appendices représentant le foie.

La respiration s'exécute le plus souvent par des branchies qui sont tantôt en forme de peignes, tantôt en panaches, tantôt en cercle ou en lamelles, tantôt, au contraire, disposées en sacs ; leur conformation si variée est d'un grand secours pour la classification des différents groupes de mollusques.

Certains de ces animaux respirent l'air en nature, comme les limaces, les hélices ou colimaçons (fig. 132), et même les planorbes, ainsi que les limnées, qui vivent pourtant dans l'eau.

Ils ont alors une cavité respiratrice qu'on a considérée comme étant un poumon, et dont la paroi est tapissée par des vaisseaux sanguins dans lesquels le sang passe en revenant des différentes parties du corps après s'y être chargé d'acide carbonique. C'est ce qui a valu à ces animaux le nom de Pulmonés.

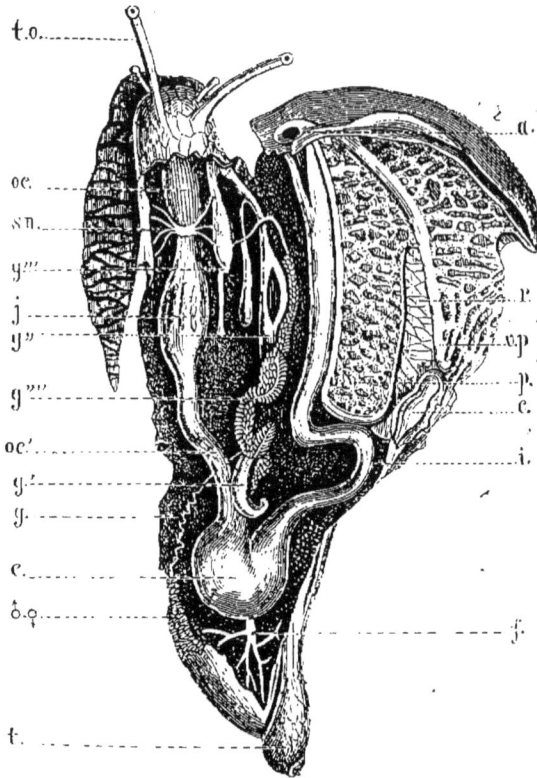

FIG. 132. — *Agathine de Maurice* (famille des Colimaçons.) — Anatomie. =
to) tentacules oculaires ; — *œœ*) œsophage ; — *sn*) cerveau ou système nerveux
sus-œsophagien ; — *j*) jabot ; — *e*) estomac ; — *t*) tortillon formé par le foie ;
— *f*) emplacement occupé par le foie dont on n'a laissé que les canaux biliaires
et la partie terminale ; — *i*) intestin ; — *a*) anus ; — *r*) rein ; — *p*) poumon ;
— *vp*) vaisseaux pulmonaires ; — *c*, les deux cavités du cœur.

Les mollusques de cette famille ont presque tous les sexes mâle et femelle
réunis sur le même individu : ♂ (mâle) et ♀ (femelle) ainsi que les lettres
g g′ g″ g‴ g″″ indiquent les différentes parties de l'appareil reproducteur.

Le système vasculaire des mêmes animaux est toujours
imparfaitement clos ; cependant il offre encore une assez
grande complication dans la classe des mollusques céphalopodes, qui comprend les poulpes, les calmars, les seiches
et les nautiles. Chez ces animaux, on constate en outre le
fait remarquable de la séparation des deux systèmes du sang

hématosé et du sang chargé d'acide carbonique, et ces systèmes ont chacun ses organes pulsatiles comparables à des cœurs; de telle sorte que les cœurs des deux systèmes sanguins, au lieu d'être réunis en un seul organe, comme cela a lieu dans les vertébrés supérieurs, sont ici parfaitement distincts l'un de l'autre (fig. 127-128).

Les hélices, les limaces et les autres mollusques pourvus d'une coquille univalve, n'ont de cœur que sur le trajet du sang aortique (fig. 129, 130, 132). Ce cœur a une oreillette (rarement deux) et un ventricule.

Les huîtres, les moules et les autres conchifères présentent absolument la même conformation; mais il y a deux cœurs aortiques chez les brachiopodes, qui sont aussi des mollusques, et, chez les tuniciers, le centre d'impulsion circulatoire est réduit à un simple vaisseau contractile chassant le sang tantôt dans une direction, tantôt dans une autre; dans ce dernier cas, la circulation est oscillatoire.

On ne lui connaît pas d'organes spéciaux dans les bryozoaires, animaux que nous avons déjà signalés comme formant la dernière classe de cet embranchement.

Le système veineux général des mollusques est encore plus incomplet que leur système aortique, et, sauf les céphalopodes, ces invertébrés paraissent n'avoir jamais de vaisseaux capillaires.

Dans les animaux mollusques, les sexes sont tantôt séparés sur deux sortes d'individus, les uns mâles, les autres femelles (fig. 129 et 130); tantôt, au contraire, réunis sur le même individu, et l'espèce est alors hermaphrodite (fig. 132); mais ce n'est pas là un caractère d'une bien grande valeur pour la classification générale, et l'on peut ajouter que parmi les conchifères, certains genres paraissent renfermer des espèces qui sont les unes dioïques ou à sexes séparés, et les autres monoïques, c'est-à-dire à sexes réunis. Il en est aussi chez lesquelles un même sujet semble être alternativement et à des époques différentes mâle et femelle.

Le mode de développement présente d'ailleurs des particularités dignes d'être signalées. L'œuf est habituellement pondu avant que l'embryon ait commencé à s'y manifester ; mais d'autres fois celui-ci se forme dans le corps même de la femelle : c'est ce que l'on voit chez nos grosses paludines et chez certains acéphales, particulièrement chez les cyclades ; ces mollusques sont donc réellement ovovivipares.

Ce n'est que par exception que, dans les animaux de cet embranchement, la vésicule vitelline ou vésicule du jaune reste indépendante de l'embryon.

Elle se confond en général avec lui, et est bientôt comprise dans l'intérieur de son manteau ; mais les seiches et autres céphalopodes, ainsi que les limaces, et les colimaçons, ont une vésicule vitelline bien évidente, laquelle est en rapport avec le tube digestif comme celle des animaux supérieurs. Alors ce n'est ni par le ventre, comme dans les embryons des vertébrés, ni par le dos, comme dans ceux des articulés condylopodes, que la communication a lieu. La vésicule du jaune tient, par son canal, à l'œsophage, et c'est par cette voie que son contenu passe petit à petit dans l'intestin pour y être élaboré et ensuite utilisé pour la nourriture du jeune sujet.

Il y a des mollusques qui ne subissent aucune métamorphose après leur naissance. Ceux qui possèdent une vésicule vitelline distincte sont, en particulier, dans ce cas, et lorsqu'une seiche ou un calmar (fig. 67 A) rompent les enveloppes de leur œuf, on leur voit presque immédiatement perdre la vésicule qui surmontait, peu d'instants auparavant, le cercle de leurs appendices céphaliques. Leur forme est déjà, à peu de chose près, celle des adultes. Une limace et un colimaçon ont également acquis leur apparence définitive dès qu'ils se sont débarrassés de la rame caudale, au moyen de laquelle ils exécutaient dans leur œuf les mouvements giratoires qui rendent ce dernier si curieux à observer.

Au contraire, la plupart des autres mollusques, dont la vésicule se confond directement avec le corps, subissent une transformation évidente, et ce n'est qu'après un

certain temps qu'ils prennent leur forme définitive : tels
sont les gastéropodes marins (fig. 67 c), les hétéropodes,
les ptéropodes, les conchifères (fig. 67 d) et les ascidies,
tous animaux inférieurs dans la classification aux mollusques
céphalopodes et aux gastéropodes pulmonés. Ils possèdent
un appareil garni de cils qui leur permet d'exécuter des
mouvements très-variés, et de voltiger, pour ainsi dire,
dans l'eau, avant de se fixer ou de ramper au moyen de
leur pied.

L'étude des mollusques est intéressante à beaucoup
d'égards.

Cet embranchement a fourni de nombreuses espèces à toutes les populations animales qui se sont succédé depuis que
la vie a apparu sur notre planète. Les anciens mollusques
qui étaient pourvus de coquilles ont laissé des débris de ces
organes dans tous les terrains de sédiment. En beaucoup
de localités, ces coquilles pétrifiées ont assez bien conservé
leurs principaux caractères pour que l'on puisse, en les
comparant entre elles ou avec celles des mollusques aujour-
d'hui vivants, tirer de leur étude des indications précises
pour la chronologie des dépôts qui les renferment, rétablir
en partie les anciennes faunes auxquelles elles ont appar-
tenu et apprécier les circonstances climatériques au milieu desquelles elles ont vécu pendant ces époques si re-
culées.

La présence de coquilles des genres hélice (fig. 58),
bulime, limnée (fig. 133) et planorbe (fig. 134), fossiles
dans un terrain, suffit le plus souvent pour prouver que
que ce terrain s'est déposé sous l'eau douce, et en dehors
de toute action de la mer, surtout si l'on constate l'absence dans le même dépôt des fossiles provenant d'animaux marins.

Les paludines (fig. 135), quoique plus semblables à
certains mollusques marins et rentrant spécialement dans
le groupe de ceux qu'on a nommés pectinibranches, à
cause de la forme pectinée de leurs branchies, sont aussi
dans ce cas.

FIG. 134. —*Planorbe corné.*

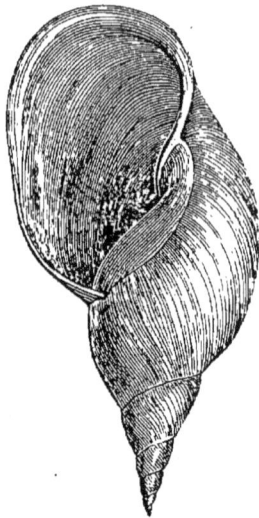

FIG. 133.— *Limnée des étangs.*   FIG. 135.— *Paludine.*

On reconnaît au contraire qu'un dépôt quelconque s'est
formé sous les eaux salées, à ce que les coquilles dont il a
conservé les débris et qui proviennent des mollusques ayant
vécu dans les eaux qui ont laissé ce dépôt, sont semblables par leurs caractères principaux aux mollusques actuellement propres à l'Océan. Nous en citerons pour
exemple les troques (fig. 136), les porcelaines (fig. 137,

FIG. 136. — *Troque.*   FIG. 137. — *Porcelaine Monnaie.*

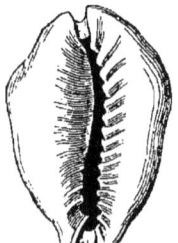

et 138), les murex ou rochers (fig. 125 et 139). Les huîtres, les pholades (fig. 140), et beaucoup d'autres sont encore dans ce cas.

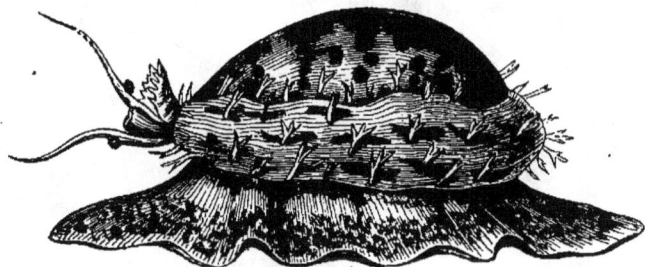

FIG. 138. — *Porcelaine tigre.*

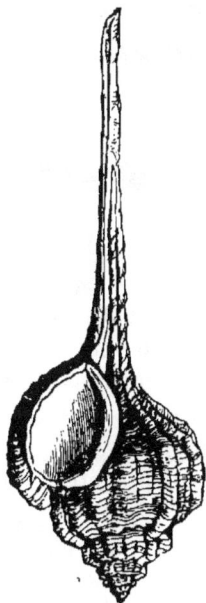

FIG. 139. — *Rocher tête de Bécasse.*

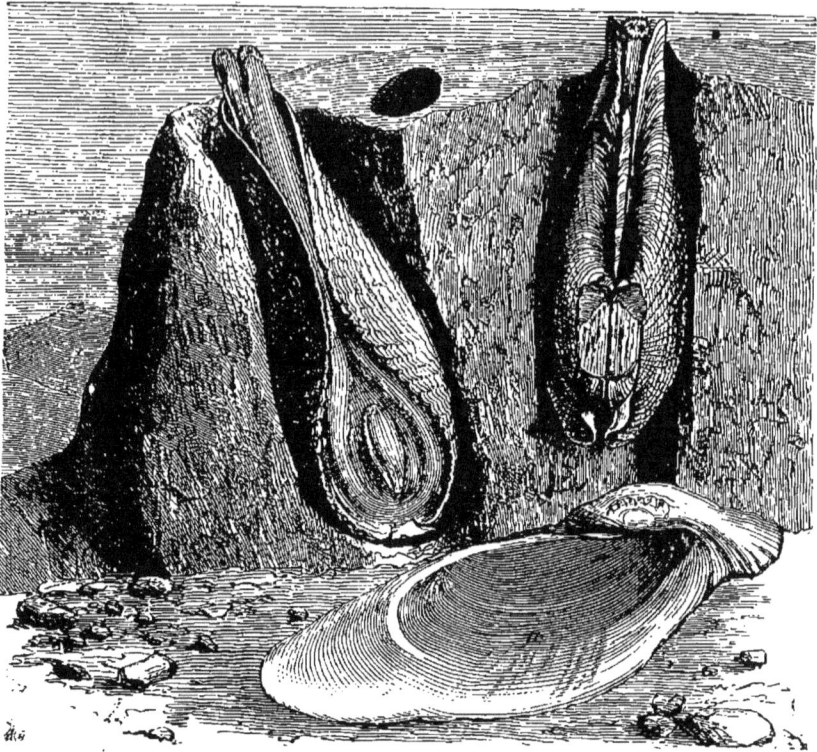

FIG. 140. — *Pholade.*

Les coquilles fossiles ne sont pas seulement pour la plupart différentes de celles d'aujourd'hui par leurs espèces; il en est aussi qui constituaient des genres ou même des familles distinctes des nôtres, et plusieurs de ces familles ont été représentées par des groupes aussi nombreux en espèces qu'importants pour la géologie stratigraphique ou la zoologie proprement dite.

Il suffira, pour en donner la preuve, de citer les bélemnites (fig. 141) et les ammonites (fig. 142 et 143) qui appartiennent à la classe des céphalopodes; les nérinées de l'ordre des gastéropodes, et les hippurites (fig. 144), bi-

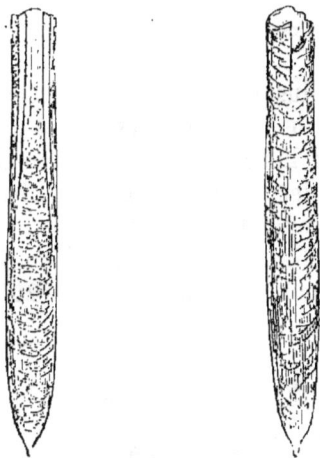

FIG. 141. — *Bélemnite mucronée.*

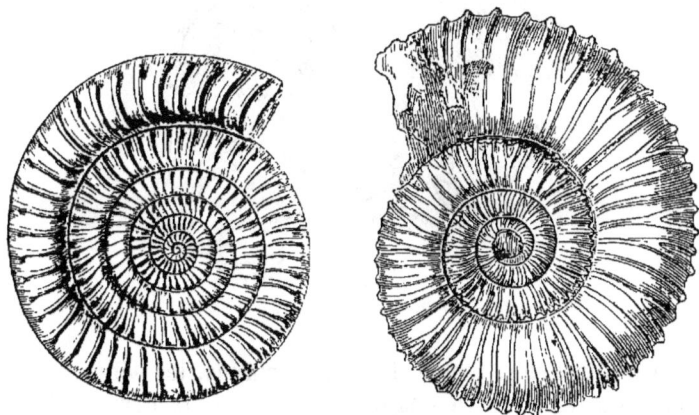

FIG. 142 et 143. — *Ammonites.*

FIG. 144 — *Hippurite.*

valves également très-singuliers par l'ensemble de leurs caractères.

Beaucoup de mollusques, actuellement répandus dans les différentes mers ou à la surface des îles et des continents, nous fournissent d'ailleurs d'excellents aliments. On mange dans tous les pays les poulpes (fig. 145), les calmars, les seiches, les colimaçons (fig. 58) et beaucoup d'autres espèces univalves, telles que les vignots ou littorines (fig. 129 et 130), les rochers ou murex (fig. 125), etc.

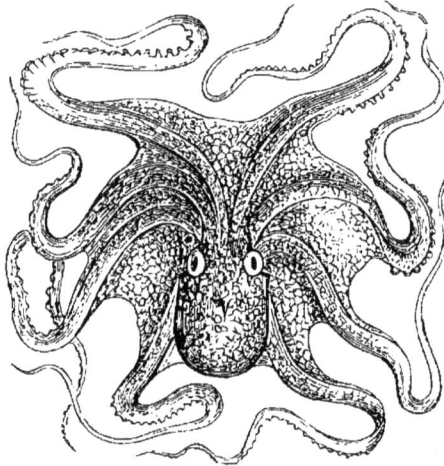

FIG. 145. — Poulpe.

Les huîtres (fig. 146 et 147), les peignes, les vénus, appelées praires et clanuisses dans le midi de la France, les moules (fig. 126), animaux mollusques de la série des bivalves, et d'autres encore, ne sont pas moins appréciés, et nous pourrions citer encore beaucoup d'autres espèces employées au même usage.

Enfin, on mange également certaines ascidies, qui sont des mollusques acéphales, appartenant à la classe des tuniciers. L'ascidie microcosme ou ascidie sillonnée (fig. 157) figure sur la plupart des marchés de notre littoral méditerranéen.

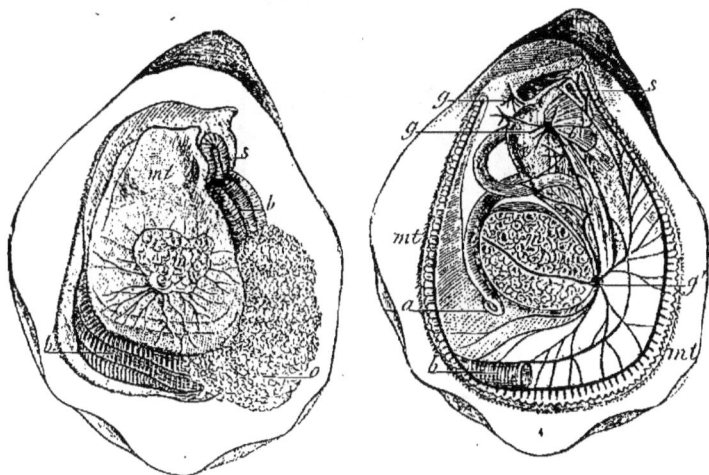

FIG. 146. — Anatomie de l'*Huître;* = *s*) bouche ; — *e*) estomac ; — *ii*) canal intestinal ; — *o*) anus ; — *gg* et *b*) cerveau et ganglions œsophagiens ; les filets nerveux qui en partent sont représentés par des lignes noires ; — *g*) ganglion sous-intestinal, appelé aussi pédieux, répondant au ganglion sous-œsophagien des autres mollusques et des animaux articulés ; — *mt*) bord frangé du manteau auquel se rendent des filets nerveux issus du ganglion précédent ; — *i*) intestin ; — *a*) anus ; — *bb*) branchies dont on n'a conservé que les portions terminales.

FIG. 147. — *Huître*, chargée de naissain ; = *b*) branchies ; — *m*) muscle servant à la fermeture des valves ; — *mt*) manteau ; — *o*) naissain ou amas d'œufs et d'embryons formant une masse laiteuse ; — *s*) palpes buccaux et bouche.

Les perles, si recherchées comme bijoux, sont une production de certaines coquilles bivalves, principalement des pindatines (fig. 148), qui appartiennent à la famille des huîtres. Les jambonneaux de la Méditerranée en fournissent aussi, et il en est de même de certaines espèces de bivalves fluviatiles, particulièrement des mulettes ou unios.

La nacre provient d'animaux peu différents des huîtres perlières et de quelques autres analogues ; en outre la matière des camées est actuellement tirée de coquillages de la division des gastéropodes (casques, etc.).

Les animaux de ce grand embranchement peuvent être partagés en six classes distinctes, qui ne devront nous oc-

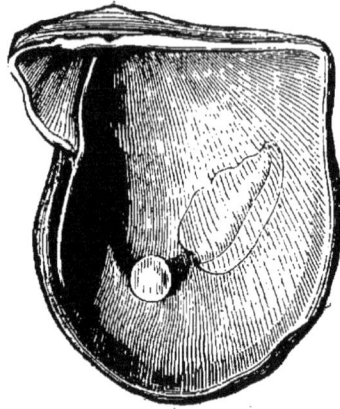

FIG. 148. — *Pintadine* ou huître perlière.

cuper que plus tard. Nous nous bornerons donc à les énumérer ici.

Ces six classes sont les suivantes :

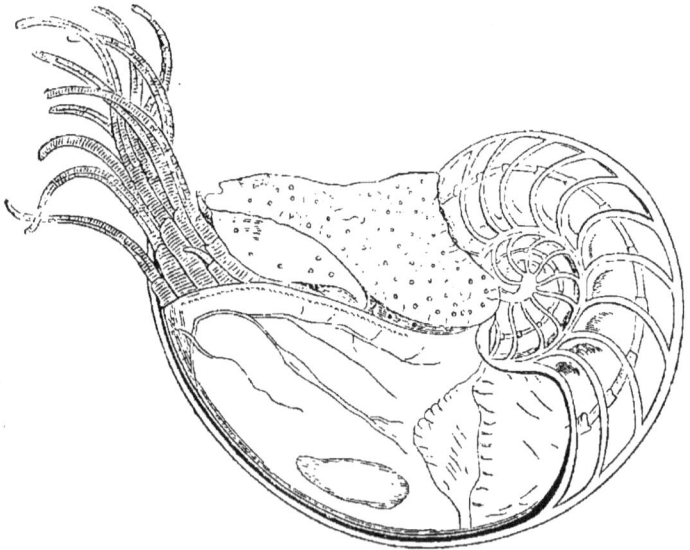

FIG. 149. — *Nautile flambé.* — La coquille a été sciée pour en montrer les loges que traverse le siphon. L'animal occupe la dernière de ces loges.

1° Les *céphalopodes*, tels que les poulpes (fig. 145), les seiches, les calmars, les sépioles (fig. 64), les spirules et les nautiles (fig. 149).

Les bélemnites (fig. 141) et les ammonites (fig. 142 et 143) forment deux groupes entièrement anéantis de céphalopodes.

2° Les *céphalidiens*, dont font partie :

a) Les *gastéropodes*; exemples : les hélices (fig. 58), les limaces, les porcelaines ou cyprées (fig. 137 et 138), les rochers ou murex (fig. 125 et 139), les pourpres, les littorines (fig. 129 et 130), les paludines (fig. 139), les ampullaires, etc.

Aux gastéropodes nudibranches appartiennent les éolides (fig. 150) et plusieurs autres genres en partie dépourvus de coquilles, du moins lorsqu'ils ont pris leur forme définitive.

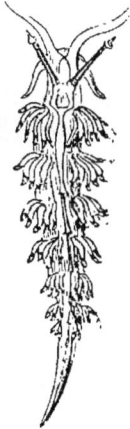

FIG. 150. — *Éolide.*

b) Les *ptéropodes*, c'est-à-dire les hyales (fig. 151), les clios et un petit nombre d'autres. Tous vivent dans la mer, et les expansions musculaires dont ils sont pourvus leur permettent d'y voltiger avec autant de facilité que les papillons le font dans l'atmosphère.

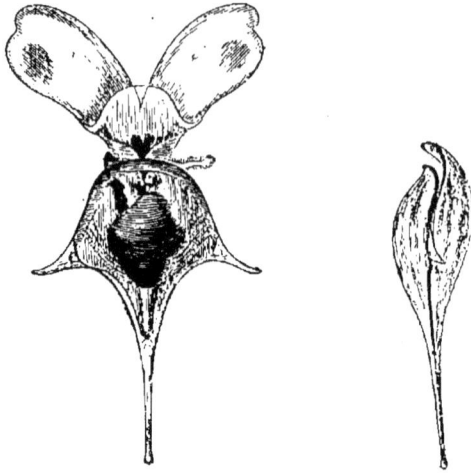

FIG. 151. — *Hyale.*

c) Enfin les *hétéropodes*, groupe également peu riche en espèces et dont nous citerons seulement deux genres : les carinaires (fig. 152) et les atlantes (fig. 153 à 155).

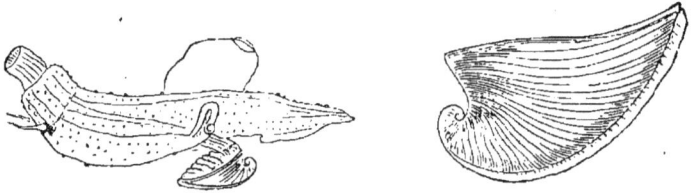

FIG. 152. — *Carinaire* et sa coquille.

FIG. 153. — *Atlante*, et sa coquille.   FIG. 154. — La coquille; vue de face.   FIG. 155. — La coquille; vue de profil.

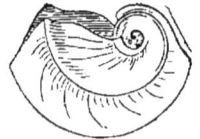

3° Les *conchifères* ou lamellibranches, comprenant les tridacnes, vulgairement nommés bénitiers, les peignes, les huîtres (fig. 146 et 147), les pintadines (fig. 148), les vénus, les cames, les pholades (fig. 140) etc., qui habitent la mer, et les unios ou mulettes, les anodontes, les cyclades, etc., propres aux eaux douces.

4° Les *brachiopodes*, dont le genre le plus connu est celui des térébratules (fig. 156).

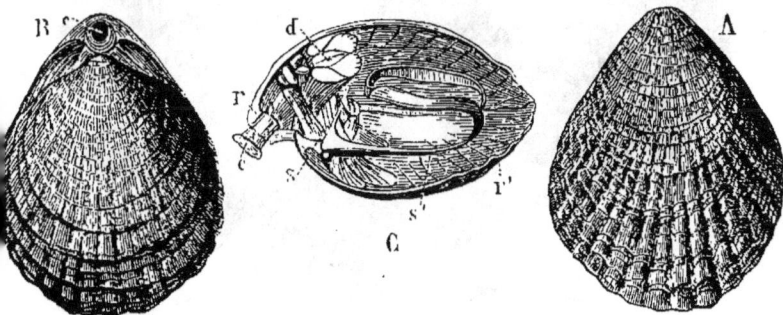

FIG. 156. — Térébratule du genre *Waldhémie*.

A = la coquille, vue par sa valve supérieure ou grande valve.

B = vue par sa face inférieure ; — en *e* est l'ouverture de la grande valve par laquelle sort le pédoncule servant à attacher l'animal aux corps sous-marins.

C = coupe longitudinale permettant de voir : *c*) le pédoncule d'attache ; — *d*) l'ensemble des muscles qui servent à ouvrir les valves et à les fermer ; — *r*) la partie de la grande valve par laquelle sort ce pédoncule ; — *ss'*) l'armature solide destinée à supporter les bras.

Les Brachiopodes, aujourd'hui représentés dans les différentes mers par un certain nombre de genres, ont aussi fourni des espèces aux premiers âges géologiques, et leur histoire offre un intérêt particulier lorsqu'on s'occupe des anciennes couches du globe. Parmi leurs genres propres aux faunes paléozoïques nous citerons les spirifères et les productus.

5° Les *tuniciers*, tels que les ascidies (fig. 157), les pyrosomes, les salpes ou biphores, etc. Ce sont aussi des animaux marins ; mais ils n'ont plus de coquille. Leur enveloppe est résistante ; ils y sont renfermés comme dans

12

une sorte de tunique, ce qui leur a valu le nom sous lequel
nous les signalons.

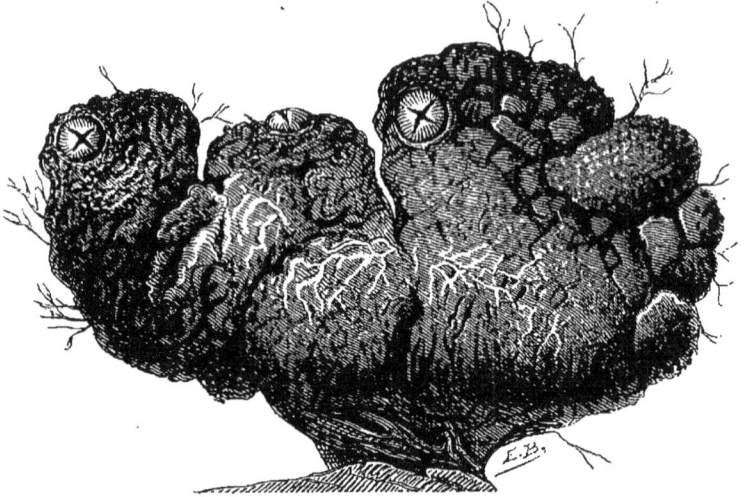

FIG. 157. — *Ascidie microcosme.*

6° Les *bryozoaires*, animaux en partie fluviatiles (cristatelle) (fig. 158), plumatelle (fig. 159), en partie marins
(flustres (fig. 160), eschares, etc.).

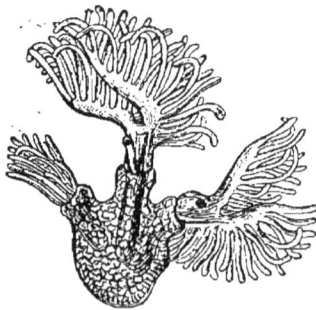

FIG. 158. — *Cristatelle jeune.*

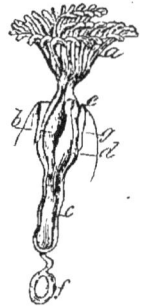

FIG. 159. — Anatomie de la *Plumatelle* ; — *a*) panache branchial ; — *b*)
œsophage ; — *c*) estomac ; — *d*) intestin ; — *e*) anus ; — *f*) un œuf suspendu à
l'ovaire.

FIG. 160. — *Flustre.*

On les avait d'abord classés parmi les polypes, mais il est bien évident que ce sont des mollusques inférieurs.

CHAPITRE X.

ANIMAUX RAYONNÉS.

Les animaux de cet embranchement ne sont plus formés, comme ceux des trois grands groupes qui précèdent, d'organes se répétant similairement de chaque côté du corps, à droite et à gauche; ils sont divisibles en plus de deux parties semblables entre elles, toutes de même composition anatomique, le plus souvent de même forme, presque toujours comparables aux branches d'une étoile et groupées de même autour d'un axe central.

Leur disposition n'en est pas moins symétrique, mais cette symétrie, au lieu d'être paire et binaire, comme celle des vertébrés, des articulés ou des mollusques, se trouve par cela même ramenée au type radiaire. Les branches ou rayons dont se compose le corps sont donc semblables entre elles quel qu'en soit le nombre, et ce n'est que dans ces rayons pris isolément, que l'on retrouve la disposition binaire caractéristique des animaux supérieurs.

Chaque rayon d'une astérie ou étoile de mer, d'une ophiure, d'une euryale (fig. 161) est en effet décomposable en deux séries de pièces, droites et gauches, rappelant celles du corps des animaux plus élevés; mais il y a toujours plus de deux de ces rayons ou doubles séries de pièces. C'est pourquoi les noms de *rayonnés* et de *radiaires* ont été donnés aux animaux qui nous occupent.

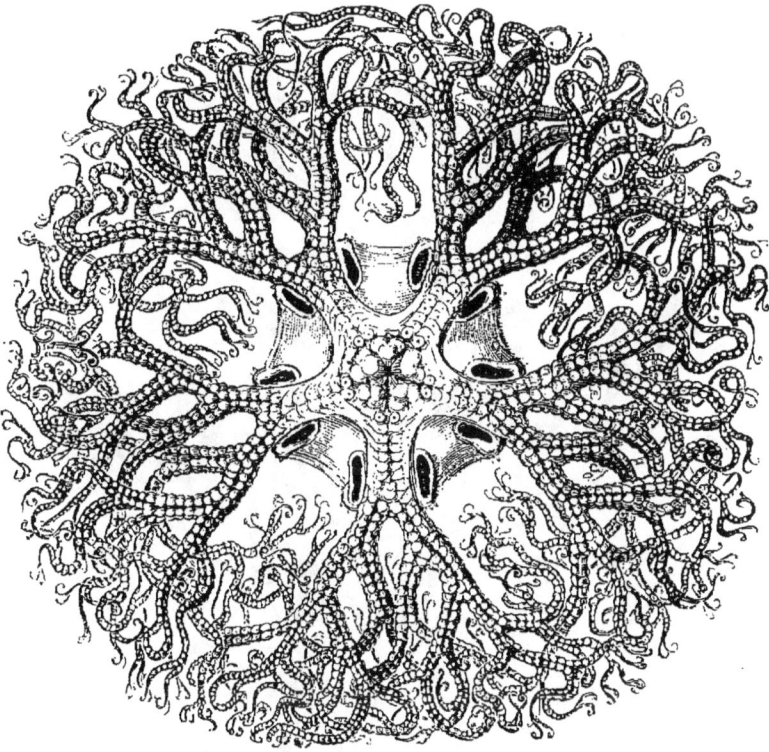

FIG. 161. — *Euryale.*

Les rayonnés ou radiaires ont aussi été appelés *zoophytes*, par allusion à leur structure plus simple que celle des autres animaux, et qui en fait pour ainsi dire la transition de ces derniers aux espèces végétales. Beaucoup d'entre eux ont même une apparence arborescente; c'est ce que nous constatons chez un grand nombre de polypes pierreux et chez les gorgones (fig. 162). Mais il y a, même dans l'embranchement des articulés, des espèces qui ne sont pas moins inférieures que les rayonnés, par leur organisation. Ce sont les derniers vers intestinaux, et quelques auteurs les avait même considérés, à cause de cela, comme une classe

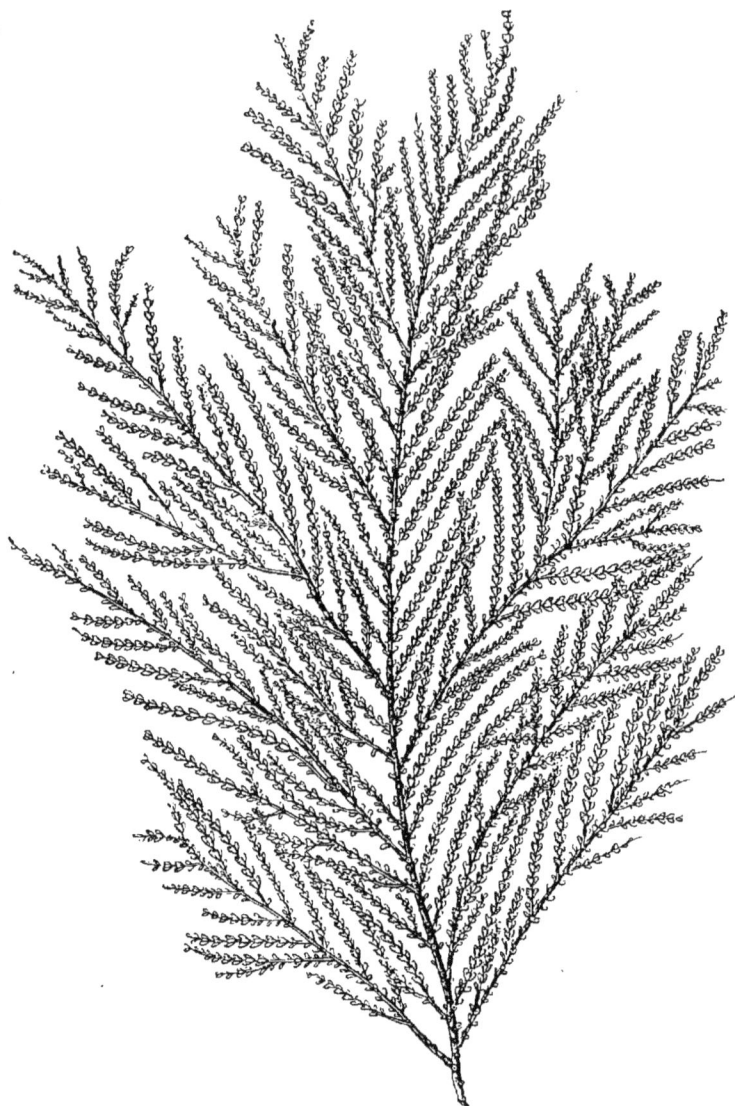

FIG. 162. — *Gorgone verticillée* ou arbre de mer.

appartenant à l'embranchement des radiaires. En outre,

il y a des espèces d'une structure encore plus simple que celle des rayonnés eux-mêmes. Il est vrai qu'autrefois on les associait à ces derniers et aux vers intestinaux dans ce même embranchement des zoophytes ; mais elles n'ont ni la forme radiée, ni la structure particulière aux animaux rayonnés et leur organisation indique une infériorité plus grande encore : ces animaux sont les protozoaires, par lesquels se termine la série zoologique. Nous en dirons quelques mots après avoir parlé des rayonnés proprement dits.

Ceux-ci, tout en prenant rang après les vertébrés, les articulés et les mollusques, ne sont donc pas les derniers des animaux ; on les partage en deux sous-embranchements sous les noms d'*échinodermes* et de *polypes*.

§ 1.

Échinodermes. — Les échinodermes ont le corps protégé par des pièces dures habituellement en forme de piquants ou de tubercules, et dans certains cas leur enveloppe est soutenue par un têt calcaire formé de compartiments très-réguliers. En outre ils possèdent des cirrhes ou expansions contractiles à l'aide desquelles ils s'aident dans leur marche et qui servent aussi à leur respiration.

Ces animaux sont tous marins ; ils subissent des métamorphoses très-curieuses. A l'état parfait ils ont le canal intestinal complet.

Leurs principaux groupes sont ceux :

Des Échinides, divisés en spatangues, clypéastres, scutelles, cidaris (fig. 163) et oursins ;

Des Astérides ou étoiles de mer, comprenant aussi les ophiures, les euryales (fig. 161) et les encrines (fig. 59), dont les comatules sont si voisines ;

Et des Holothuries, à la famille desquelles appartiennent les trépangs, employés en Chine comme aliments, ainsi

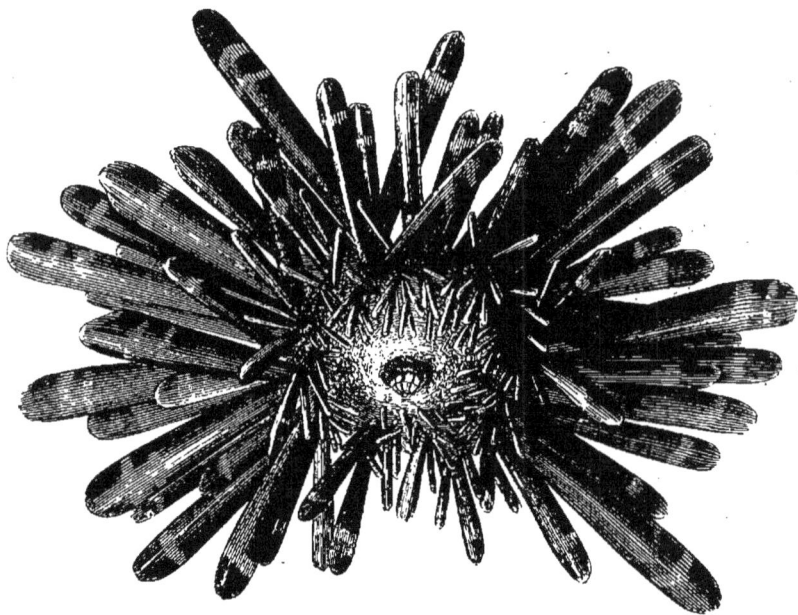

FIG. 163. — *Cidaris* (face inférieure).

que les synaptes (fig. 164), dont la peau n'est plus garnie que de plaques extrêmement fines.

Nous avons sur nos côtes des représentants de ces différentes familles de radiaires.

Les oursins sont les seuls qui soient comestibles, mais les astéries peuvent avoir aussi leur utilité ; par endroits elles sont si abondantes qu'on les recueille pour en faire de l'engrais.

L'étude des échinodermes fossiles joue un grand rôle en géologie. Elle nous fournit également le curieux exemple de l'évolution organique d'un grand groupe naturel dans la série des âges du globe, et sous ce rapport l'examen attentif de ces animaux présente un intérêt spécial; aussi ont-ils été l'objet de publications importantes.

Les pièces dures qui protégeaient le corps des échinodermes les rendent d'ailleurs faciles à caractériser, et l'on a pu

Fig. 164. — *Synapte.*

reconnaître ainsi les principaux faits de leur succession depuis les époques les plus anciennes jusqu'à la période actuelle.

§ 2.

Polypes. — On appelle en général polypes des animaux ayant le corps mou, le canal intestinal réduit à un sac pourvu d'un seul orifice, et dont la bouche, qui sert en même temps d'anus, est garnie de tentacules disposés radiairement. Nous en avons de nombreux exemples sur nos côtes où on les nomme vulgairement anémones de mer fig. 165); ce sont les actinies des zoologistes.

FIG. 165. — *Actinie* ou anémone de mer.

L'hydre de nos eaux douces (fig. 1 et 166) est aussi un polype. Les expériences dont elle a été l'objet de la part de Trembley et d'autres observateurs l'ont rendue célèbre,

malgré ses petites dimensions et son apparence inigni-
fiante.

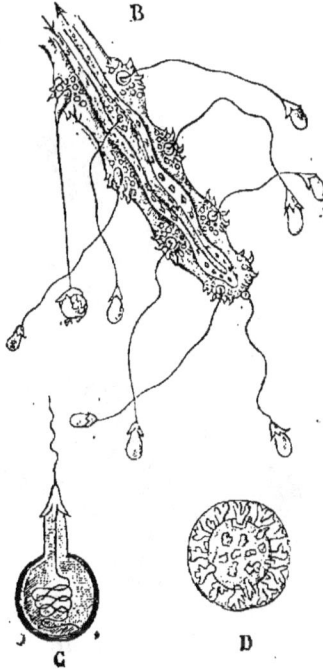

FIG. 166. — Un des bras de l'*Hydre* ; — *b*) très-grossi pour montrer les organes urticants dont il est pourvu. — *c*) une des capsules urticantes dont le
fil suspenseur n'est encore qu'en partie déroulé ; très grossie ; *d*) est un œuf
hybernal de l'*Hydre* ; très-grossi.

D'autres polypes sont remarquables par les encroûte-
ments calcaires qui se produisent dans leurs propres tissus.
Leur accumulation sous les eaux de la mer peut, dans
certains parages, former des récifs qui mettent obstacle à
la navigation. Les îles madréporiques, appelées aussi
atoles, n'ont pas d'autre origine. Certains terrains de
formation plus ou moins ancienne sont également dus à
l'accumulation des polypiers; tel est en particulier le *coral-
rag*, ou terrain corallien, qui appartient à la série juras-
sique.

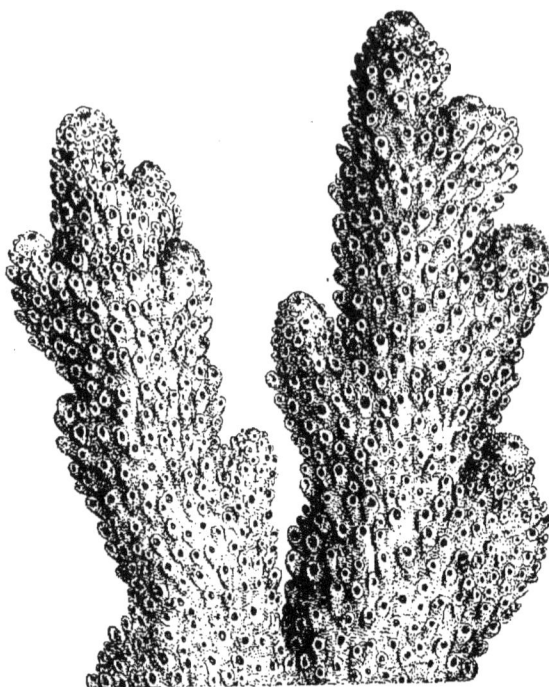

FIG. 167. — Madrépore.

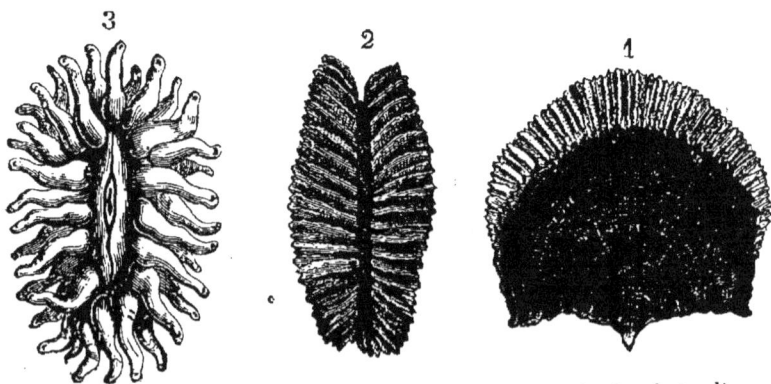

FIG. 168. — *Flabelline.* = a) l'animal avec ses tentacules et sa bouche ; — b) son polypier ; vu par la face supérieure ; — c) le même ; vu de profil.

On remarque parmi les Polypes à polypiers les madré-
pores (fig. 167), les millépores, les astrées, les méan-
drines, les fongies, les flabellines (fig. 168), etc. Nos mers
n'ont qu'un très-petit nombre de ces animaux et ils n'y
acquièrent pas les mêmes dimensions que ceux des régions
équatoriales.

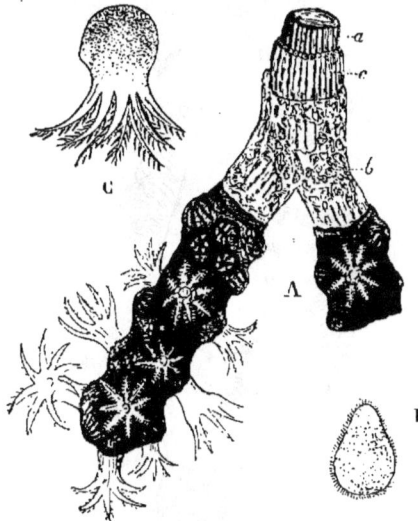

FIG. 169 — Structure et développement de *Corail*.

A — branche de corail détachée du reste de la colonie; = a) l'axe du polypier constituant la partie rouge et solide employée dans les arts; — b) la
couche des vaisseaux réticulés; — c) la couche des vaisseaux longitudinaux,
placée entre la précédente et la partie solide intérieure. Les polypes, autrefois
pris pour des fleurs à cause de leur forme, sont en rapport direct avec l'enveloppe sarcoïde ou corticale qui recouvre les deux couches b et c. Cette couche
sarcoïde est teintée en noir dans la présente figure. On y voit quelques polypes épanouis et d'autres contractés sur eux-mêmes en forme de mamelons.

B = larve ciliée du corail

C = larve ayant déjà pris la forme de polype et prête à se fixer. Elle est
dès lors capable de donner naissance à une nouvelle colonie, en produisant par
gemmation de nouveaux individus qui ne se sépareront pas d'elle et dont la
réunion soutenue par la sécrétion pierreuse formera le polypier.

Le corail proprement (fig. 169), est aussi un polype à
polypiers; mais il constitue avec quelques autres genres,
tels que les Gorgones ou arbres de mer (fig. 162), les lo-

bulaires ou faux alcyons et les pennatules (fig. 170) ou plumes marines, un groupe facile à distinguer par la disposition denticulée de ses tentacules.

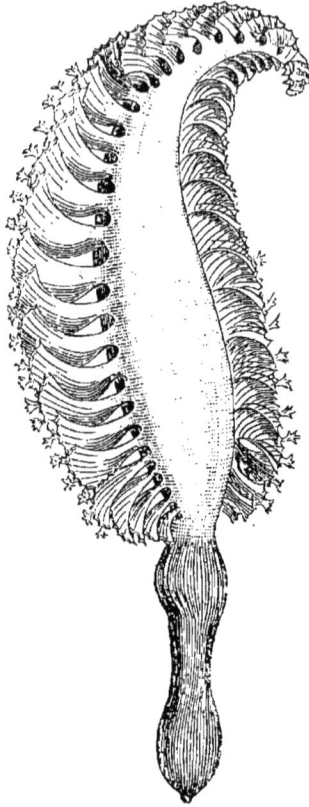

FIG. 170. — *Pennatule.*

Le corail (*Corallium rubrum*) croît dans certaines parties de la Méditerranée ; on le pêche jusque sur nos côtes de la Provence et du Roussillon. Sa partie solide ou intérieure, qui est d'un beau rouge, est employée en joaillerie. Elle est recouverte d'une croûte plus molle dans laquelle se développent les polypes.

Le sous-embranchement des Polypes renferme encore d'autres familles remarquables ; on y reconnaît même plusieurs classes distinctes. Telle est entre autres la classe des méduses ou orties de mer (fig. 171), que l'on doit regarder comme constituant la forme sexuée de certains polypes autrefois regardés comme n'ayant avec elles aucune affinité. C'est là un fait curieux de génération alternante.

FIG. 171. *Rhizostome* (genre de *méduses*).

Des polypes encore plus bizarres sont les acalèphes com-

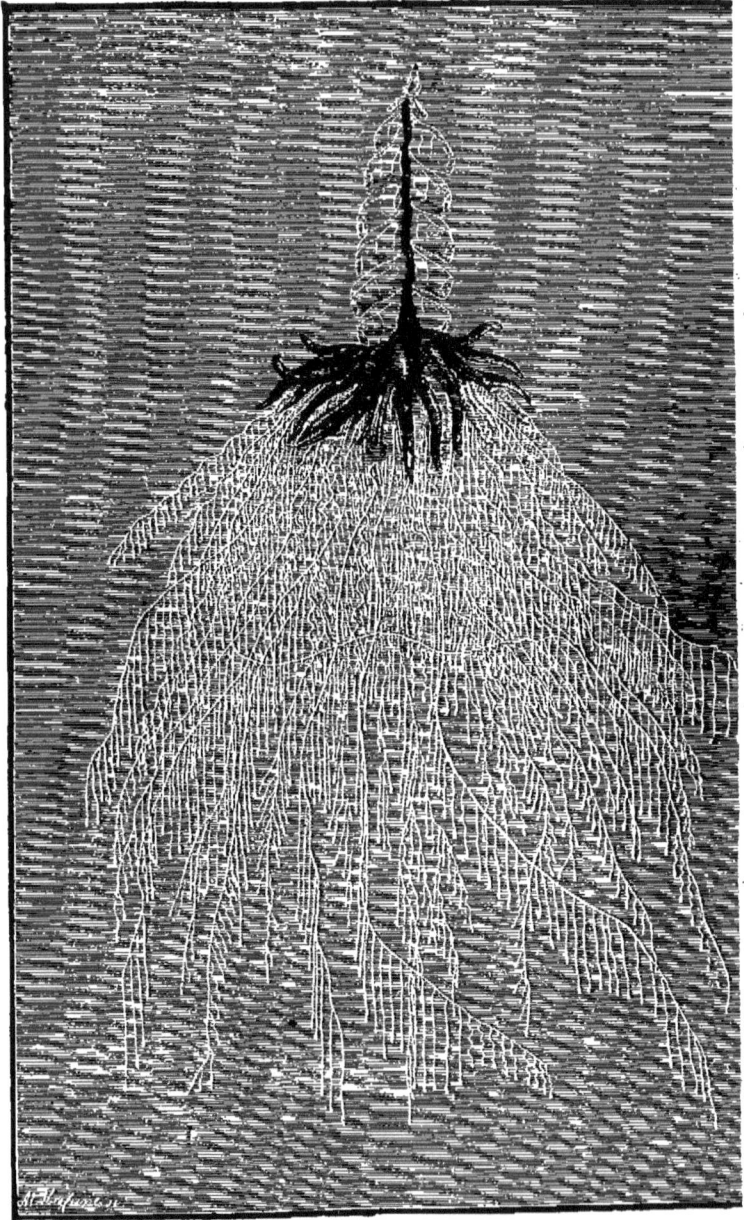

FIG. 172. — *Physophore.*

posés, dont chaque espèce possède des individus de plusieurs sortes vivant associés entre eux et constituant des colonies qui nagent avec élégance au sein des eaux (fig. 172
à 174).

Ces animaux ont été dans ces dernières années l'objet
d'études qui en ont singulièrement éclairé l'histoire. Leurs
principaux genres sont ceux des Physophores (fig. 172),
des Agalmes, des Vélelles (fig. 173), et des Porpites
(fig. 174).

FIG. 173. — *Vélelle.*

Ils affectent les formes les plus gracieuses, et leur trans-
parence, qui n'est comparable qu'à celle du cristal, en fait
aussi des animaux extrêmement curieux à observer. C'est
dans la rade de Villefranche, près de Nice, qu'on a observé
ceux dont on connaît le mieux les caractères anatomiques.
Ils se rapprochent de la surface lorsque la mer est calme;
mais dans certaines espèces, telles que les physophores, les
sujets de différentes sortes, dont chaque colonie est cons-

13

tituée, ne tardent pas à se séparer dès qu'on cherche à les saisir, et quelquefois on les pêche isolés les uns des autres. Aussi plusieurs auteurs, trompés par la diversité de leurs formes, les avaient-ils pris d'abord pour des animaux de genres distincts; d'autres observateurs avaient au contraire regardé les colonies que la réunion de tous ces sujets si diversiformes constitue comme des individus uniques, ce qui n'est pas moins inexact.

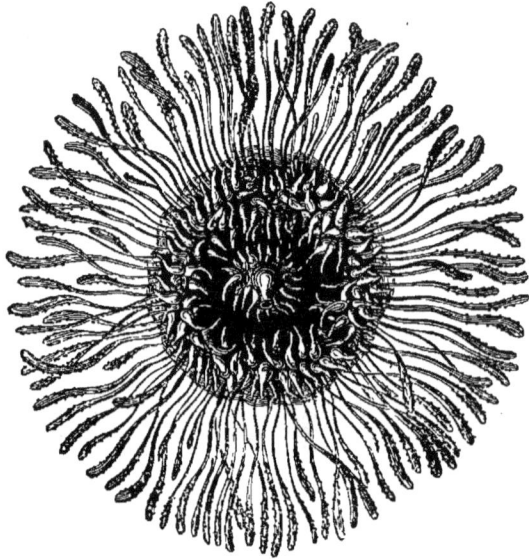

FIG. 174. — *Porpite.*

Quelques méduses occasionnent une violente urtication lorsqu'on les touche sans précaution; il en est de même de certains polypes du groupe des Acalèphes hydrostatiques et de plusieurs espèces d'actinies.

CHAPITRE XI.

PROTOZOAIRES OU ANIMAUX LES PLUS SIMPLES.

Les protozoaires, dont le nom rappelle qu'ils appartiennent aux degrés les plus inférieurs de l'échelle animale, sont caractérisés par l'extrême simplicité de leur structure. On ne leur reconnaît qu'un nombre fort restreint d'organes; ils ne présentent non plus aucune trace de système nerveux; beaucoup manquent même d'appareil spécial de digestion, et dans certains cas leur corps semble formé d'une substance entièrement cellulaire ou même anhiste.

Beaucoup d'espèces de cet embranchement paraissent être uniquement formées de cellules homogènes associées les unes aux autres, ou plus simplement encore d'une seule cellule, susceptible, grâce à la présence de son nucléus, de produire à son tour et à la manière des éléments histologiques qui constituent les animaux supérieurs ou les végétaux, de nouvelles cellules semblablement organisées, destinées à devenir bientôt libres par la destruction de l'enveloppe appartenant à la cellule mère qui leur avait donné naissance.

D'autres fois, la substance des protozoaires est analogue au sarcode (fig. 20). Ces animaux émettent alors des expansions diffluentes ou des espèces de filaments ayant l'apparence de fils incessamment variables dans leur forme, qui s'étirent comme du verre fondu et peuvent s'accoler les uns aux autres pour se disjoindre ensuite; c'est là ce qui les a fait alors appeler *rhizopodes*, dénomination qui signifie pieds en forme de racines, et fait allusion à leurs expansions sarcodiques.

Quelques protozoaires ont un têt, sorte de petite carapace, quelquefois cornée, mais le plus souvent calcaire, assez analogue par sa forme à une coquille ; tels sont les foraminifères (fig. 20 c et 175 à 184), dont nous avons déjà eu l'occasion de parler [1].

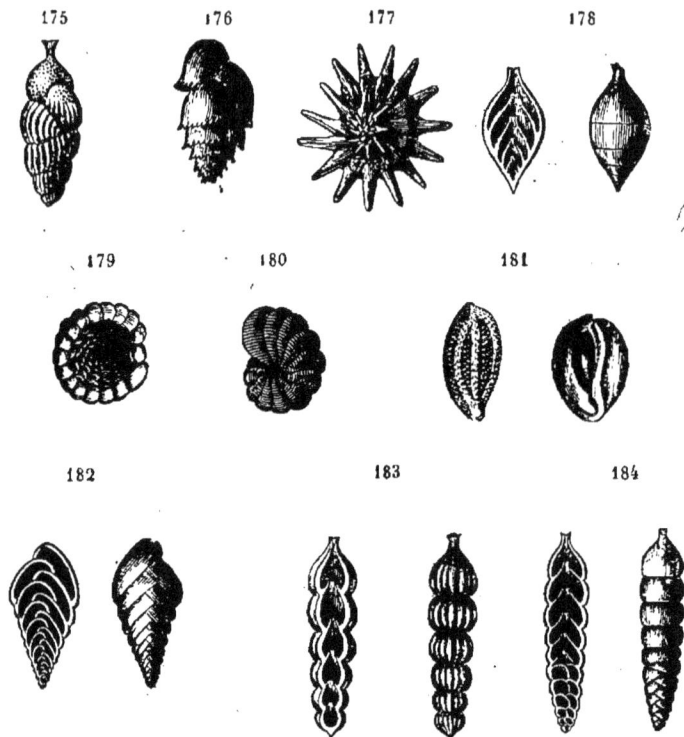

FIG. 175 à 184. — Énumération des genres de *Foraminifères* représentés par ces figures :
175) Uvigérine, — 176) Bulimine, — 177) Calcarine, — 178) Glanduline, — 179) Planorbuline, — 180) Cristellaire, — 181) Triloculine, — 182) Textulaire, — 183) Nodosaire, — 184) Bigénérine.

1. P. 46.

D'autres sont soutenus, comme les spongilles (fig. 35) et les éponges (fig. 185), par des corpuscules siliceux ou calcaires rappelant ceux des polypes du même groupe que le corail et auxquels on donne aussi le nom de spicules.

FIG. 185. — *Éponge usuelle.*

Les éponges usuelles possèdent en outre une charpente formée de fibres anastomotiques de nature chitineuse.

Il y a des protozoaires libres et mobiles; d'autres sont évidemment associés plusieurs ensemble. Le plus souvent ces derniers forment des masses assez volumineuses qui restent fixées au fond des eaux. Les individus composant ces masses sont toujours fort difficiles à distinguer entre eux, même à l'aide du microscope.

Les Noctiluques (fig. 186) sont des Protozoaires nageurs, que l'on trouve en immense quantité dans certaines eaux marines à la phosphorescence desquelles elles contribuent puissamment. A certaines époques elles apparaissent sur de vastes surfaces et les eaux sont alors comme incandescentes. Sur nos côtes, ce phénomène a plus particulièrement lieu pendant les fortes chaleurs.

FIG. 186. — Noctiluques.

Il y a plusieurs classes de protozoaires; les principales sont celles des *foraminifères* (fig. 20 et 172 à 181), des *infusoires* (fig. 61 et 186 à 187) et des *spongiaires* ou éponges (fig. 35 et 182).

Un grand nombre de Foraminifères sont intéressants à étudier à cause de la part importante que les débris de leurs anciennes espèces ont prise dans la formation de certaines roches par l'accumulation de leurs enveloppes calcaires. Ces animaux, longtemps appelés céphalopodes microscopiques, et regardés alors comme étant des mol-

lusques voisins des nautiles ou des ammonites à cause de
la ressemblance apparente que les coquilles de plusieurs
d'entre eux offrent avec celles de ces animaux, sont également fort répandus dans la nature actuelle. Les difflugies
(fig. 20 B) paraissent devoir être regardées comme les Foraminifères fluviatiles.

Certains protozoaires, tels que les éponges, sont susceptibles d'être employés à des usages industriels ou domestiques. Quelques-unes de leurs espèces ont autrefois laissé
leurs spicules calcaires ou siliceux dans le sol, où ils ont
formé des dépôts caractérisés par l'abondance de ces corpuscules.

FIG. 187. — *Phacus* (infusoire
flagellifère.)

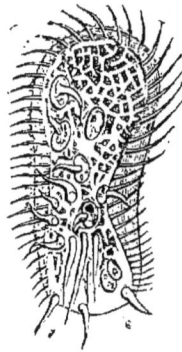

FIG. 188. — *Plesconie* (infusoire
cilié.)

Beaucoup d'infusoires jouent pendant leur vie un rôle

actif dans la putréfaction des substances organiques; d'autres sont parasites de l'homme ou des animaux ; et il en
est qui se lient à tel point aux végétaux les plus inférieurs
qu'on a de la peine à les en distinguer anatomique-
ment. C'est en particulier ce qui a lieu pour les Volvoces.

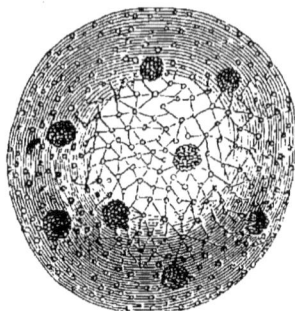

FIG. 189. — *Volvoce.*

Ces organismes si simples sont une nouvelle preuve de ce
que nous disions dans les premières pages de ce livre, au
sujet de la similitude qui existe entre les caractères des
animaux les plus simples et ceux des derniers végétaux.

FIN.

9746 — Imprimerie générale de Ch. Lahure, rue de Fleurus, 9, à Paris.

NOUVELLE? PU...

RÉDIGÉES CONFORMÉMENT A.. PROGRA....

POUR L'ENSEIGNEMENT SECONDAIRE

(Tous les volumes ci-après sont imprimés dans le format...)

LANGUE FRANÇAISE.

Grammaire de l'enseignement secondaire spécial, par M. Sommer. 1 vol. 1 fr. 50.

Lectures ou dictées, par M. Lelion-Damiens, économe du collège Rollin (année préparatoire et 1re année). 3 vol. :
- Tome I, contrées agricoles, 1 fr. 10.
- Tome II, contrées commerciales, 1 fr. 50.
- Tome III, contrées industrielles.

Premiers principes de style et de composition, par M. Pellissier, professeur au collège Chaptal (2e année). 1 vol. 1 fr. 50 c.

Morceaux choisis des classiques français (prose et vers), adaptés au précédent ouvrage. 1 vol. 1 fr. 50 s.

Principes de rhétorique française, par M. Pellissier. (3e année). 1 vol. 3 fr.

Morceaux choisis des classiques français (prose et vers), adaptés au précédent ouvrage. 1 vol. 2 fr. 50 c.

Textes classiques de la littérature française, extraits des grands écrivains français, avec notices biographiques et bibliographiques, appréciations littéraires et notes explicatives, par M. Demogeot, agrégé, à la faculté des lettres de Paris (3e année). 2 vol. 8 fr.

GÉOGRAPHIE ET HISTOIRE.

Géographie de la France, par M. Richard Cortambert (année préparatoire). 1 vol. 1 fr.
Atlas correspondant. Grand in-8°.

Géographie des cinq parties du monde, par M. E. Cortambert (1re année). 1 vol. 1 fr. 80 c.
Atlas correspondant. Grand in 8°.

Géographie agricole, industrielle, commerciale et administrative de la France et de ses colonies, par le même auteur (2e année). 1 vol.
Atlas correspondant. Grand in 8°.

Géographie commerciale des cinq parties du monde, par M. Richard Cortambert (3e année). 1 vol.
Atlas correspondant. Grand in-8°.

Simples récits d'histoire de France, par MM. Feillet et Ducoudray (année préparatoire). 1 vol. avec gravures.

Simples récits des histoires anciennes, grecque, romaine et du moyen âge, par les mêmes auteurs (1re année). 1 vol.

Histoire de la France depuis l'origine jusqu'à la Révolution française, et grands faits de l'histoire moderne de 1453 à 1788, par M. Ducoudray (2e année). 1 vol. 3 fr. 50 c.

Histoire de France et histoire générale depuis 1789 jusqu'à nos jours, par le même auteur (3e année). 1 vol. 3 fr. 50 c.

Histoire moderne et contemporaine depuis 1643 jusqu'à nos jours (4e année). 1 vol. 4 fr. 50 c.

ARITHMÉTIQUE ET COMPTABILITÉ.

Éléments d'arithmétique, par M. Pichot, professeur au lycée Louis-le-Grand (année préparatoire et 1re année). 1 vol. 1 fr. 50 c.

Cours d'arithmétique commerciale, par M. E. Jeanne, professeur à l'École supérieure du Commerce (2e année). 1 vol. 3 fr.

Cours de comptabilité, par M. Courcelle-Seneuil (1re, 2e, 3e et 4e années). 4 vol. Chaque volume 1 fr. 50.

GÉOMÉTRIE, ALGÈBRE, ...

Géométrie plane ...

Géométrie ...
an de 1 vol. 3 fr.

Géométrie ...
jour ...

Principes d'... ...
E. Jeanne (3e et ...

Cours élémentaire ...
tive, par ...

Notions élémentaires ...
rectiligne, par ...
1 fr. 50 ...

Notions élémentaires ...
usuelles, par le même ...

HISTOIRE NATURELLE, CHIMIE, MÉCANIQUE.

Éléments de ... ...
tère et la faculté ...
à un années). 1 vol. ...

Éléments de ... ...
taire, 1re et 2e année ...

Éléments de ... ...
naire des plantes (3e ...

Éléments de ... ...
née préparatoire (1re ...

Notions préliminaires ...
M. Marie Davy (1re an...

Cours élémentaire ...
M. Gossin, professeur ...
(2e année). 1 vol. 2 fr.

Cours élémentaire ...
même auteur (3e année) ...

Cours élémentaire ...
même auteur (4e ...

Notions d'arithmétique ...
MM. Dubrueil et Th...
1 fr. 50 c.

Cours de chimie ...
année). 2 vol.

Éléments de mécanique ...
(3e année). 1 vol. 3 fr.

Cours de mécanique ...
appliqués à l'École ...
1 vol.

Éléments de cosmo ...
Galienne (3e année) ...

LÉGISLATION, ... ÉCONOMIE ...

Éléments de ... ...
M. Delacourtie ...
année). 1 vol.

Éléments de législation ...
industrielle, par le m...
1 vol. 3 fr.

Éléments de morale ...
nombre de l'Institut ...

Les grandes inventions industrielles, par ...
1 vol. 3 fr. 50 c.

Cours d'économie ... ...
et commerciale, par ...
nomie politique, par M...

Imprimerie générale de Ch. Lahure, rue de Fleurus, 9, ...